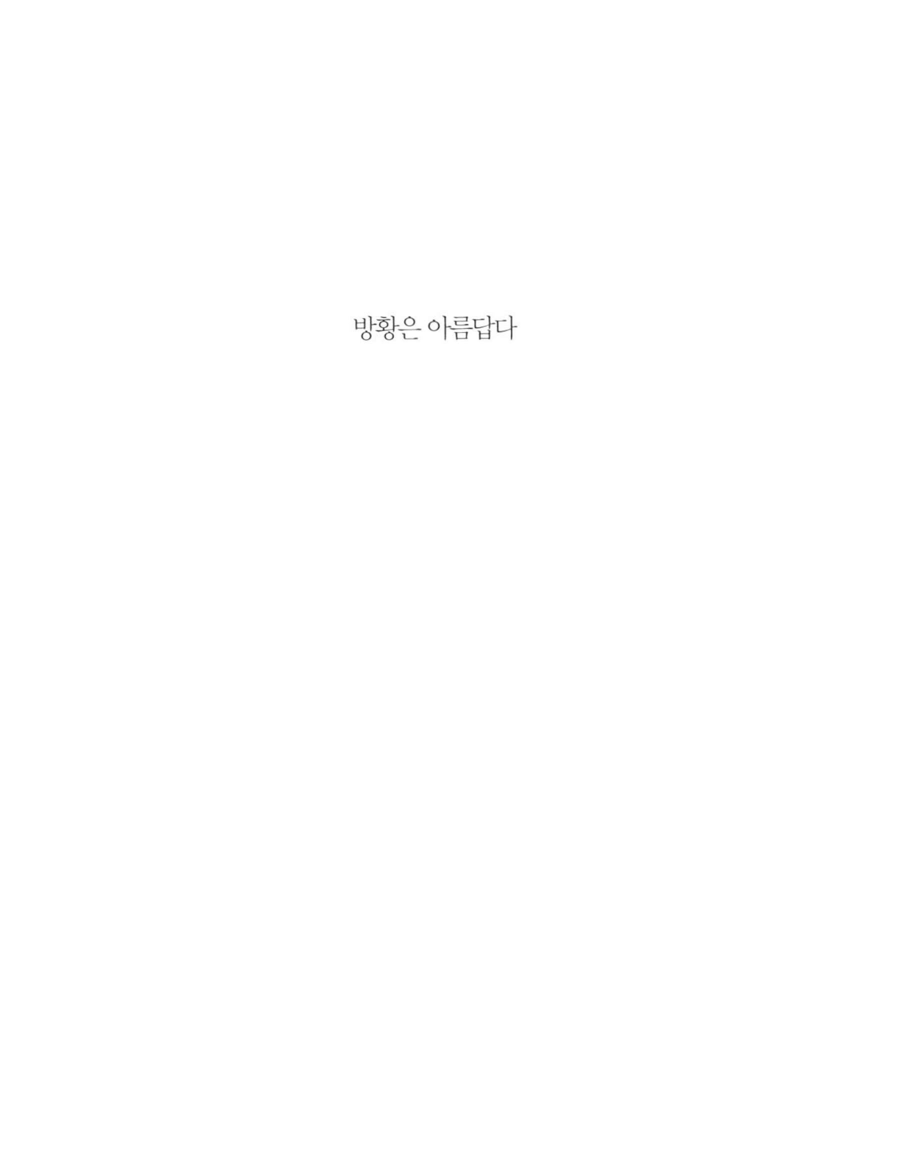

방황은 아름답다

우은정 지음

한언

이 여행은 제 꿈입니다. 이 꿈을 실현시킬 시간이 저에게 주어졌습니다. 놓쳐서는 안 될 기회라고 생각합니다. 운이 좋은 것일 수도 있지만 엄마, 아빠도 아시는 것처럼 저는 이 기회를 얻기 위해 정말 열심히 살아왔습니다.

이 여행은 다른 의미로 제 자신을 위한 스스로의 선물이기도 합니다. 또 이 선물은 현재의 저에게 주었을 때 가장 가치 있게 쓰일 수 있다고 생각합니다. 10년 후, 20년 후의 저에게 선물이 주어진다 할지라도 상황상 여러 가지 변명으로 받기를 주저하게 될지도 모르는 일이기 때문입니다.

잘 먹고 잘 자고 잘 입지 못해도, 20대의 저만이 할 수 있는 여행을 하고 싶습니다. 물론 저는 20년, 30년 후에도 여전히 여행을 좋아하는 사람일 것이고 그때도 여행을 떠날 수 있습니다. 그러나 중년 또는 노년이 된 저와 지금의 저는 같은 것을 보고 듣고 경험한다고 하더라도 다른 것을 느끼고 생각할 것입니다.

엄마, 아빠!

제가 활동할 무대는 세계입니다. 사회에 나가기에 앞서 제가 활동하게 될 무대를 둘러보고 오겠습니다. 이 여행에서 경험하고 느끼게 될 모든 것이 제 인생에 영향을 미칠 것입니다. 제가 가지고 있는 올바른 생각들이 있다면 그것은 더욱 단단해질 것이고 생각의 오류나 잘못된 부분이 있다면 성찰하여 변화시킬 것입니다.

물론 세계 일주를 하기에 1년은 매우 짧은 시간이고, 제가 전 세계 모든 나라를 다 가는 것은 아닙니다. 아프리카의 일부와 여행하는 데 안전한 중동 일부 지역, 스페인과 중남미 정도를 가보게 될 것입니다. 그러나 다양한 문화를 접하고 지구 반대편의 사람들을 만나는 일은 제가 깊고 넓은 사고를 할 수 있는 사람으로, 식견을 갖춘 법조인으로 성장하는 데 큰 도움이 될 것이라고 생각합니다.

좀 더 겸손하고 순수한 마음을 가진 제가 되어 돌아오겠습니다.

은정 올림

이 글은 여행을 떠나기 전 부모님께 쓴 편지의 일부다.

혼자서 1년씩이나 해외여행을 하겠다고 하면 분명 쉽게 허락해 주시지 않을 거라 생각했기 때문에 A4용지 20여 페이지에 달하는 보고서를 만들어 어느 저녁 가족이 모두 모인 자리에서 프레젠테이션을 했다.

사시를 합격하여 이제 곧 사법연수원에 들어가야 할 딸이 갑자기 1년간 세계 여행을 하고 오겠단다! 그것도 아프리카? 중동? 남미?

프레젠테이션을 하고 며칠이 지나 조심스레 부모님의 뜻을 여쭤보았다.

"네 고집을 어떻게 말리겠니? 너 벌써 준비하고 있잖아."

물가에 내놓은 어린애 같기만 한 딸을 저 멀리 외국으로 1년간 혼자 여행을 보낸다니. 불안하기만 할 부모님의 마음을 잘 알기에 그 허락이 결코 쉽지 않은 결정이었음을 느낄 수 있었다. '만약 내 딸이 혼자 1년간 여행을 떠나겠다고 한다면 과연 나는 허락할까?'라고 생각해보니 나 스스로도 그 대답을 찾는 데 시간이 걸렸다.

그러나 아마, 그 애가 가진 마음이 지금의 나와 같은 것이라면 나역시 여행을 허락할 수밖에 없을 것이라는 생각이 들었다. 여행을 다녀온 내가 얻게 된 거대하고 생경한 경험들을 그 애도 고스란히 느끼고 받아들이고 생각할 수 있다고 한다면, 불안한 마음을 잠시 접어두고 아이의 등을 떠밀어 비행기에 태울지도 모르겠다.

이 여행을 떠나기 전까지는 몰랐던 것들을 지금 나는 알고 있다. 그 전에는 본 적도 들은 적도 없는 것들을 이제 내 몸 구석구석이 기억하고 있다. 반바지를 입고 크리스마스를 맞는 사람들, 영어도 불어도 독일어도 중국어도 아닌 다른 언어로 말하고 소통하는 많은 사람들. 파리를 쫓을 기운조차 없어 멍한 눈으로 그저 하늘만 바라보고 있는 아이들. 미국으로부터 적이라는 딱지를 받은 나라에 살고 있는 너무나 친절한 사람들, 여성이라는 이유로 당연하게 꿈을 포기하고도 웃고 마는 안타까운 소녀들까지. 내 눈으로 직접 그들을 보았고 그들과 눈을 마주치고 돌아왔다. 이전의 나와는 전혀 다른 내가 되어 돌아온 것이다.

거창한 목표가 있었던 것도, 새로운 삶을 찾겠다는 포부를 앞세운 것도 아니었다. 이 여행이 내 인생을 바꾸어 놓을 것이라는 식의 기대는 더더욱 없었다. 그저 불안했다. 엄마 아빠께 드리는 편지에도 썼듯이, 실로 내가 활동할 무대는 저 밖의 넓고 넓은 세계인데 넓다면 얼마나 넓은지 피부로 와 닿지도 않는 그 공간의 크기가 두려웠다. 본 적도 실제로 느낀 적도 없었다. 실체를 모르는 상태의 불안함은 더욱 큰 법. 한없이 거대한 존재 앞에서 이리저리 갈 길을 못 찾는 작은 개미가 된 것 같은 기분에 초조했다. 내가 움직이는 수밖에 없었다.

사시를 준비하는 내내 머리맡에서 나를 조용히 비춰주었던 세계지도. 시험에 합격한 후 얼마 지나 그 지도를 다시 보았을 때 주저 없이 결정을 내린 것은, 무서운 추진력으로 부모님의 허락과 여행 준비 1년의 계획을 실행하는 행동력의 원천이 되었던 것은 사실 이 '불안'이었던 것이다.

그리고 불안함을 원천으로 내가 행동하기 시작했을 때, 그 불안은 사라지고 나에게 남은 것은 무엇과도 바꿀 수 없는 1년이라는 경험이었다.

사시 공부를 할 때에도 여행을 준비하는 기간에도 그랬다. 여행을 시작해서도 마찬가지였다. 어떤 이유로든 다시 불안했고 마음은 흔들렸고 어디로 가야 할지 모르는 순간들이 계속해서 찾아왔다. 불안함이 마음을 건드리는 순간 도미노가 쓰러지듯이 모든 것이 무너질 것처럼 걷잡을 수 없었다. 멈추려고 하다가는 옆의 것들까지 모조리 쓰러지는 대참사. 내 방황은 그랬다. 그러나 이제 알고 있다. 쓰러지기 시작한 도미노는 그냥 그대로 두어야 한다. 조금 떨어져 어디까지 쓰러지는지 보아야 한다. 그리고 무너짐의 끝을 직시하고 즉시 행동을 보일 것, 세상과 소통을 시도하고 나를 보려는 시도를 해나가는 것. 이것들이 필요한 것이다.

물론 나는 더 나을 것도 못 할 것도 없는, 당신과 같은 대한민국의 평범한 28세 젊은이다. 내 삶을 어떻게 살아내야 할지 끊임없이 고민하고 방황해야 하는, 지구상의 어떤 나라의 젊은이보다도 강단 있게 삶을 꾸려나가야 하는 숙명을 지고 태어난 대한민국의 20대이다.

암흑기 같은 사시 준비의 시간을 거쳐 1년간의 여행을 다녀오고 연수원에 입소해 더욱 치열한 공부를 하고 있는 지금의 내가 할 수 있는 모든 이야기를 하려고 한다. 나의 방황과 당신의 방황이 얼마나 당연한 것인지, 다행한 것인지 혹은 아름다운 것인지 함께 느끼기 위해.

'나 자신'이라는
왕국에서 왕이 되어라

승리의 경험은 앞으로의 내 남은 고시 생활에,
그리고 내 인생에 중요하게 작용했다.
이 빛나는 승리에서 내가 이긴 상대는
'나 자신'이었기에 더욱 그랬다.

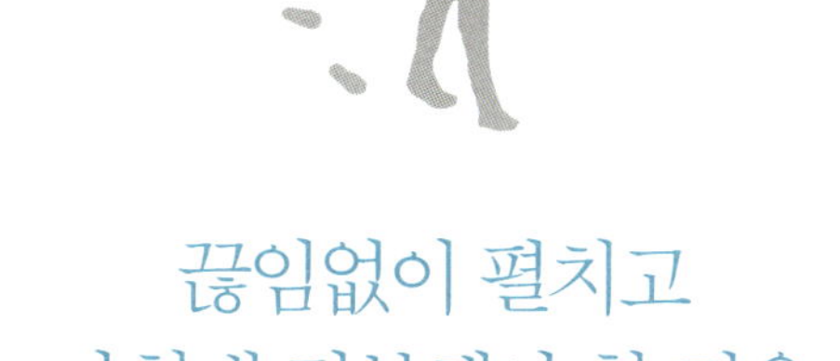

끊임없이 펼치고
마침내 정복해야 할 것은
책이 아니라 '나'였다

구두 대신 낡은 운동화를 신고

2006년 3월. 신림동 고시촌에 방과 독서실을 구하고 본격적으로 고시 공부에 돌입했다.

고3 이후, 오랜 시간 한자리에 앉아 책을 보는 것이 어언 3년 만이었기 때문에 책상 앞에 진득하게 앉아 있는 것조차 쉽지 않았다. 3월 한 달을 적응기간으로 정하고 책상 앞에 앉아 있는 시간을 늘리는 것에 목표를 두었다. 스톱워치를 책상 위에 올려두고 실제로 공부한 시간을 체크하며 그 시간을 점점 늘려가기로 했다.

아무래도 쉽지 않았다. 책을 보고 있는데 머릿속에 자꾸 딴 생각이 가득 찼다. 눈은 활자를 따라가고 있는데 내용이 전혀 들어오지 않았다. 아주 어렸을 적 기억, 몇 년 전 친구가 내게 한 말부터 시작해서 오늘 아침에 나를 밀치고 지나간 아저씨에게 느꼈던 불쾌한 감정까지. 어째서 그런 세세한 것들이 책만 펼치면 모두 스물스물 떠오르는지… 그런 생각들은 꼬리에 꼬리를 물고 머릿속을 가득 채웠다. 독서실 책상 앞에 앉아 혼자 웃었다가 화를 냈다가 욕을 하다가 후회를 하다가, 그렇게 몇 시간을 보내기 일쑤였다.

얼마간을 그렇게 딴생각으로 책상 앞에 앉아 시간을 보내 버렸다. 더 이상 시간을 이렇게 낭비하면 안 되겠다 싶었다. 뭔가 대책을 강구해야 했다.

같은 패턴으로 잡생각이 떠오르면 '오늘 공부를 마치고 잠자기 전에 다시 만나자'라고 되뇌이며 생각들을 객체화시켜서 머릿속 한쪽 구석에 모아두었다. 스스로를 다독이기도 하고 시험에 합격하고 내가 하고 싶은 일을 하는 내 모습을 잠깐씩 생각하며 지금 당장 몰입해야 할 동기를 계속해서 부여했다. 합격 소식에 기뻐하는 가족들의 얼굴, 법조인이 된 나의 모습, 배낭을 메고 세계 이곳저곳을 누비는 내 모습을 상상하면 가슴이 벅차올랐다. 이런 상상은 2~3분이면 충분했다. 식후에 먹는 보약처럼 꼭 챙기는 시간이었다. 잡생각이 들려 하다가도 이런 상상을 의식적으로 짧고 강하게 해주면 '이럴 때가 아니지' 하고 정신이 번쩍 들어 다시 연필을 잡고 몰입할 수 있었기 때문이다.

고시 준비에도 돈이 들었다. 고시원 방값, 책값 그 외 독서실비, 식비, 문구류 구입비. 그뿐인가. 학원을 다니게 되면 학원비도 들었다. 결코 적은 돈이 아니었기 때문에 마냥 부모님의 지원을 받고 있기가 죄송스러웠다.

방학 전부터 용돈벌이로 해오던 과외가 있었는데 고시 준비에 들어가면서도 그것을 계속하기로 했다. 생활비 때문이기도 했지만 내가 맡은 아이들에 대한 책임감 때문이기도 했다. 작년부터 오래 수업을 해온 아이들이었고 학생들의 부모님도 나를 굉장히 믿고 계셨다. 아이들이 고3이 되는 시기라 수험생으로서 가장 중요한 때인데 갑자기 그만둔다는 것이 마음에 걸렸다. 그래서 수능 전 10월까지 두 개의 과외를 계속 해나가기로 했다. 평일에 하루, 그리고 주말에 수업을 하면 내 공부에도 큰 지장이 없을 것 같았다. 그리고 사실 시간은 내가 운영하기 나름이라고 생각했다. 따지고 보면 매일매일 아르바이트를 하면서 고시 공부를 하는 사람들도 있으니까.

학생들이 경기도에 살았기 때문에 평일에는 저녁 6시 반 정도에 고시촌에서 출발해 8시부터 10시까지 첫 번째 학생 과외를 하고 11시부터 1시까지 두 번째 학생 과외를 했다. 주말에는 보통 낮과 이른 저녁에 과외를 했다. 과외비로 생활비를 충당하고 매달 10만 원씩 모았다(이 돈으로 2차 시험이 끝난 후 몽골여행을 갈 수 있었다).

사실 과외는 내 반복되는 일상에 쉼표가 되어 주기도 했다. 집과 독서실, 고시식당으로 이어지는 동선에서 잠시나마 벗어나 버스와 지하철을 타고 외출할 수 있었기 때문이다.

얼마 전까지 평범한 대학생이었으면서 어느새 고시생 생활에 완벽하게 적응했는지 고시촌 바깥세상에는 다른 공기를 마시는, 나와는 다른 종류의 사람들이 살고 있는 것처럼 느껴졌다. 마치 그 전에는 다른 삶을 살아본 적 없는 사람처럼. 그렇게 느끼는 내 자신이 스스로 우스우면서도 다른 사람들이 무엇을 입고 무엇을 하고 있나 관찰하는 것이 흥미롭고 재밌는 것은 어쩔 수 없었다.

평일 저녁의 지하철은 언제나 붐볐다. 내 나이 또래의 여대생과 직장인들이 특히 많았다. 화장을 하고 외출복(그들에게는 일상복이 겠지만)을 입고 구두를 신고 있는 그들은 책을 읽거나 통화를 하거나 옆 사람과 대화를 하고 있었다. 그런 것들이 완전히 일상인 평범한 사람들이었다. 그들을 아무생각 없이 관찰하다가 문득 지하철 문에 비친 내 모습이 눈에 들어왔다.

그 순간, 내가 너무나 초라하고 작게 느껴졌다. 갑자기 지금 서 있는 내 두 발밑에 가시가 돋아나 있는 것처럼 더 이상 여기 서 있기 힘들었다. 어딘가 숨고 싶었다. 어두운 맨 얼굴, 보풀이 일어난 추리닝 바지에 다른 사람들은 잠옷으로나 입을 것 같은 티셔츠. 그래도 딴에는 외출한다고 슬리퍼 대신 신고 나온 운동화가 그렇게 낡아 보일 수가 없었다. 다 관두고 고시촌 내 방으로 돌아가고 싶었다.

스물둘. 화장하고 예쁜 옷 입고 자신을 꾸미는 데 관심이 온통 가 있는, 그런 것들이 즐거울 때다. 남들 하는 것은 다 해보면서 그렇게 청춘을 채워가는 데에 바쁜 나이.

그러나 나는 조금 다른 스물둘을 살고 있다. 크고 빛나는 목표를 위해 하루하루를 정말 더 할 수 없을 정도 열심히 살고 있다. 비록 지금은 초라한 모습을 하고 있더라도, 평범한 스물둘의 삶과 조금 다르다 해도 그것은 중요치 않았다. 나는 내 방식대로 내 청춘을 채워가기에 바쁜 것뿐이니까.

'물론 두 가지 스물둘의 삶을 다 살아 볼 수 있다면 좋겠지만, 지금의 나로서는 내 목표가 우선이고 그러기 위해선 공부가 1순위이니까. 기쁘게 하나의 삶은 포기할 수 있다.'

이렇게 생각하니 힘이 났다. 지금 내 모습이 부끄러울 것도, 초라할 것도 없었다. 웃기게도 나는 이렇게 스스로를 다독이면 머리

끝부터 발끝까지 비장한 기운으로 중무장되는 듯한 에너지가 생겼다. 결의에 찬 몸과 마음으로 즉시, 책을 펴들었다.

그 이후로는 버스에서도, 지하철에서도 공부를 했다. 집중하기 수월하도록 내가 좋아하는 형법 판례와 헌법 조문을 읽었다. 오고 가는 시간이 꽤 길었기 때문에 큰 도움이 되었다. 버스와 지하철에서 내려 학생의 집까지 걸어가는 동안은 항상 합격한 후의 내 모습을 상상했다. 길을 걷는 동안에는 공부를 해야 한다는 부담이 없었기 때문에 마음껏 상상의 나래를 펼칠 수 있었다.

'여기도 가고 저기도 가야지. 배낭은 최대한 가볍게 꾸려야지. 그래도 사진기는 여러 개 챙기고 지금까지 본 적 없는 세상을 보고 와야지.'

이런 생각을 하며 길을 걸을 때마다 반드시 합격을 해야겠다는 마음이 믿을 수 없을 정도로 강해졌다.

사실 그때는 모든 게 불확실했기 때문에 정말 여행을 가게 될지 역시 불확실했다. 하지만 그런 상상을 하는 것만으로 가끔 속도가 느려지는 내 안의 젊은 피가 빠르게 도는 것 같았고 공부에 쏟을 수 있는 에너지가 마구 생겨났다.

이런 기분으로 걷다 보면 낡은 내 운동화에 보이지 않는 날개가 달려 있는 것마냥, 금세 학생 집 앞에 도착해 있었다.

기회는 한 번뿐이다

매달 보는 모의고사의 성적이 계속해서 오르지 않았다. 몇몇 책은 백과사전처럼 두꺼워서 하루 종일 한 책만 봐도 1회독하는 데 한 달 반이 걸렸다. 게다가 이런 책들은 2회독에 들어가며 다시 펼치면, 분명 한 번 다 본 내용임에도 전부 새로운 내용이어서 숨이 막혔다. 시간이 지날수록 과외를 하는 것도 스트레스로 다가왔다.

초반 두 달은 학원을 다녀보았는데, 학원 시스템은 나랑 잘 맞지 않았다. 강의 테이프를 사서 들으며 독학하는 쪽으로 방법을 바꾸었더니 이 편이 나랑 더 잘 맞는지 능률이 더 올랐다.

부족하다고 느껴지는 과목의 경우, 기본 단계의 강의를 다시 들으며 보강해야 했지만 다른 과목 공부도 해야 하니 책상 앞에서의 시간을 따로 할애할 수가 없었다. 해서 밥 먹으러 갈 때도 이어폰을 귀에서 빼지 않고 계속 들었다. 한번은 귀에서 피가 났다. 이어폰을 장시간 끼고 있어 중이염이 생겼던 것이다. 헤드폰으로 바꾸어 계속 강의를 들었다.

9월이 되자 책상 앞에 12시간 이상은 거뜬히 앉아 있게 되었다. 하루는 독서실에 있는데, 엄마께 전화가 왔다. 수화기를 들고 있는 내 손이 힘겨워질 정도로 무거운 목소리가 들려왔다. 집에 여유가

'나 자신'이라는 왕국에서 왕이 되어라

없어 고시 준비에 필요한 재정 지원은 한 번만 해 주실 수 있을 것 같다는 말씀이었다. 너무 미안해 끝말을 계속 흐리시면서 이야기를 이어가고 계셨다. 그러니, 더 열심히 해야 한다고도 조심스럽게 덧붙이셨다. 부모님은 언제나 내가 하고 싶어 하는 일들을 최대한 지원해주시는 분들이셨다. 그랬던 부모님이 상황의 어려움 때문에 내게 이렇게까지 말해야 하셨을 땐 얼마나 속이 상하고 내게 미안하셨을까. 내 또래들은 이제 취업할 때이고 자기 앞가림은 자기가 할 텐데 집에서 계속 돈을 받아야 하는 것이 죄송스러웠다.

이 생활이 길어지면, 나뿐만 아니라 가족들도 힘들어질 것이다.

'내게 다음은 없구나.'

기회는 이번 한 번뿐이다.

밥 먹고, 씻고, 자고, 친한 친구와 이야기하는 30분을 제외한 모든 시간에 공부를 했다. 실제로 공부를 한 시간만 스톱워치로 체크해보니 하루 14시간~16시간 정도가 나왔다. 서로 시간이 없었고 집중 시간도 다를 수 있기 때문에 친구들과 밥을 먹던 것도 따로 먹기로 했다. 한 번 자리에 앉으면 10시간이 지날 때까지 일어나지 않았다. 일부러 그런 것은 아니었고 공부에 몰입이 되어 시간이 지나는 줄도 몰랐었다. 물도 마시지 않고 밥도 먹지 않았기 때문에 자연히 화장실도 가지 않았다. 독서실이 끝나는 12시 30분이 되어도

방황은 아름답다

하루 계획한 양을 다 하지 못했을 때에는 집으로 자리를 옮겨 계속 공부를 했다. 이를 닦으면서도, 화장실에 앉아서도 공부를 했다.

때때로 절실함은 그 어떤 것보다 강력한 에너지가 된다. 만약 부모님이 '서두를 것 없다. 천천히 최선을 다해라'라고 말씀하셨다면? 감사한 마음에 더 노력했을지도 모르겠지만, 아마 정말 마음 한구석에는 '다음'이라는 기회를 내심 염두에 두고 있었을지도 모른다.

절실함. 다음은 없고 기회는 이번 단 한 번뿐이라는 위기감. 어쩌면 그것이 나를 더욱 더 강한 마음으로 공부에 임하게 했는지도 모르겠다.

가장 부러운 것은 당신의 '일상'

1차 시험 준비 때였다. 12월의 어느 날, 그날은 정말이지 공부가 너무 하기 싫었다. 그렇다. 이를 악물고 책상 앞에 망부석처럼 붙어 공부하던 나에게도 이런 날은 있었다.

마침 함께 스터디하는 친구도 나와 비슷한 상태였는지, 둘이 8시 아침 스터디를 할 때부터 모의고사 시험지는 풀지 않고 계속 다른 이야기를 하게 되었다. 그 자리에서만 세 시간 동안 이야기를 하다가 서로의 독서실로 돌아가기로 하고 일어섰다.

그런데 발길이 떨어져야 말이지. 이심전심인지 우리는 말없이 횡단보도에 서서 신호를 몇 번이나 그냥 보내며 서 있었다.

"나 오늘 공부하기 정말 너무 싫다."

"어라? 너도 그래?"

"잉? 너도?"

"야, 그럼 우리 오늘 미친 척하고 딱 하루만 째낄까?"

공범이 된 우리는 음흉한 눈으로 서로를 바라보며 깔깔거렸다. 그렇게 우리의 하루치 일탈 계획 짜기가 시작되었다.

우선 오늘 하지 못한 하루 공부 분량을 어떻게 보충할 것인지 계획을 세운 뒤, 오늘 하루를 무얼 하며 보낼 것인지 이야기를 했다.

그동안 우리는 '평상복을 입고 거리를 걷고 싶다' '카페에서 친구와 마음 편히 수다를 떨고 싶다' '영화관에 가서 영화를 보고 싶다' 등의 희망사항을 우스갯소리로 해 왔었는데 이런 것들을 실제로 할 수 있는 날이 온 것이다. 따지고 보면 그리 거창할 것도 없이 저 거리의 사람들이 일상 속에서 매일 하는 일들이었다. 우린 정말 그것들이 하고 싶었다.

이왕 놀기로 한 거 젊은이들이 많이 가는 장소에 가서 외출 분위기도 느끼고 뮤지컬이나 연극을 보고 싶기도 했다. 우리는 들떠서 이것저것 계획을 세우다가 문득 풀이 죽었다. 당장 외출에 어울리게 입을 옷도, 화장품도 없었기 때문이다. 아무래도 시험이 얼마 안 남은 상황에서 이런 식의 외출은 안 되겠다는 결론을 내렸다. 그냥 밥을 먹고 노래방에 갔다. 두 시간 동안 노래를 부른 후 DVD방에 가 영화를 한 편 보았다. 매일 책만 보다가 이런 일들을 하니 밥 먹으면서 수다를 떨고 노래방에 가고 영화 한 편 본 것뿐인데도 엄청 놀았다는 느낌이 들었다. 그리고 더 이상 놀 거리도 없었다.

"하루 종일 논 것 같은데 아직 네 시 반이야."

"응. 근데 더 할 게 없는 것 같아. 흐흐흐."

"……."

"……."

"독서실에나 가자."

하루를 몽땅 제껴보자고 마음먹었었지만 몇 시간을 놀고 나니 충분하다는 생각이 들었다. 또 즐거운 만큼 요상하게 마음은 무거워져서 우리는 각자의 독서실로 돌아갔다. 어쨌든 그날 하루를 그렇게 보내고 한동안 '슬럼프'라고 여겨질 만한 것은 오지 않았다.

'나 자신'이라는 왕국에서 왕이 되어라

괴물 같은 불안감을 제압하다

시험이 다가올수록 긴장감이 커졌다.

'과연 내가 붙을 수 있을까?'

이 시간에 대한 결말은 극명하게 둘뿐이었다. 합격과 불합격. 이 기로에 서 있는 하루하루는 끝도 없는 불안뿐이었다.

'내가 이렇게 열심히 하면, 이 시험에 합격할 수 있을까? 당장 이번 달 모의고사만 해도 내 앞에 앞서 있는 사람들이 이렇게 많은데? 이 많은 사람들을 제치고? 혹시, 내가 시험 당일 예기치 못한 실수라도 한다면? 그 한 번으로 모든 게 결정되겠지?'

이런 식으로 불안한 마음이 걷잡을 수없이 커질 때에는 당최 어떻게 해야 할지 알 수 없었다. 화장실에서 물을 틀어놓고 엉엉 울기도 하고 성당과 교회에 가서 기도를 하기도 했다. 무엇을 바라고 기도를 드리러 간 것은 아니었다. 약해진 마음을 어딘가에 의지하고 싶었던 것뿐이었다.

한번은 성당에 가서 미사 전 기도를 드리는데 자리에 앉아 두 손을 마주잡고 눈을 감자마자 눈물이 흘렀다.

'너무 불안합니다. 힘이 듭니다. 제가 끝까지 견딜 수 있도록 힘을 주세요. 약해지지 않게 도와주세요.'

나는 이때껏 살면서 누군가에게 힘들다는 말을 해 본 적이 없었다. 아니, 내가 하는 어떤 일에 대해 힘들다는 생각 자체를 한 적이 없었다. 그런데 지금 나는, 확실히 힘들었다. 공부를 하는 것은 힘들지 않았지만 걷잡을 수 없이 거대한 불안함과 그 불안함에 휩싸여 어쩔 줄 몰라 하는 나약한 내 자신을 보는 것은 견디기 끔찍했다.

한참을 그렇게 눈물을 흘리다가, 눈을 떠 옆을 보니 나와 함께 갔던 언니도 울고 있었다. 그랬다. 가늠할 수 없을 정도의 불안의 소용돌이 한가운데에 우리 모두 허우적거리고 있었다.

일단 불안함에 휩싸이기 시작하면 공부가 잘 되지 않았다. 대책이 필요했다. 나는 그럴 때마다 내 스스로에게 단호하게 말했다.

'내 앞에 아무도 없다고 생각하자. 다른 누군가를 이겨야 한다는 생각은 버리자. 내가 이겨야 할 것은 바로 나다. 나는 지금까지 최선을 다했다. 내가 이렇게 열심히 했는데 이번에 떨어진다면 그건 내가 어쩔 수 없는 영역의 일이야. 후회가 없을 정도로 열심히 했으니까 나는 붙을 수 있어. 그래, 내가 안 붙으면 누가 붙겠어! 시험은 노력이 90%고 운이 10% 정도 하지 않을까? 나는 노력이 차지하는 90%를 꼭 채울 정도로 열심히 하자. 그리고 나머지 10%의 그것은 내가 신경 쓸 문제가 아니야. 시험을 보고 난 후만 생각하자.' 이렇게 생각하면서 다시 연필을 잡고 책을 폈다.

시험 날.

아침에 시험장에 도착해 신경성 장염으로 화장실에 다녀온 것을 제외하고는 큰 문제가 없었다. 형법문제를 풀면서 시간이 부족하다고 느껴질 때는 잠시 정신이 까마득하기도 했지만 최선을 다해 마지막 문제까지 풀었다.

그날 저녁, 채점을 해보고는 다행히 합격을 확신할 수 있었다.

뛸 듯이 기쁘다는 기분이 어떤 건지 이제 나도 안다고 누구라도 붙잡고 이야기하고 싶었다. 합격했다는 사실도 기뻤지만, 나를 힘들게 했던 나약한 '우은정'이 그때와는 다르게 내 안에 자리하고 있는 기분이 들었다. 그렇게 든든하고 뿌듯한 기분은 처음이었다. 최고급 휘발유가 '만땅'으로 찬 세단처럼 도로 위를 미끄러지듯이 전속력으로 달릴 수 있을 것 같은 에너지가 가득했다. 그 누구를 앞질렀을 때보다, 이겼을 때보다도 기뻤다.

승리의 경험은 앞으로의 내 남은 고시 생활에, 그리고 내 인생에 중요하게 작용했다. 이 빛나는 승리에서 내가 이긴 상대는 '나 자신'이었기에 더욱 그랬다.

공부가 재미있다!

1차 시험에 합격하면 2차에 응시할 수 있는 기회가 두 번 주어진다. 2차 시험은 6월에 있었는데, 1차 시험을 마치고 복학해서 학교를 다니느라 두 달은 제대로 공부를 하지 못하고 쉬엄쉬엄 보냈다. 때문에 첫 번째에 동차로 붙을 것이라는 기대는 하지 않았다. 본격적인 공부를 하지는 못했지만 이 두 달 동안 2차 시험 과목의 기초를 다지는 시간은 가졌다. 학교 기숙사에서 지내며 고시반에 들어 공부를 했다.

2차 시험은 논술이었는데 시간 내에 문제에서 묻는 논점을 답안지에 현출하는 것이 관건이었다. 특히 2차 과목은 1차에서 공부하지 않았던 민사소송법, 형사소송법, 행정법, 상법이 있었다. 내용을 제대로 이해하지 못하면 시간 조절은 물론, 답안지를 채우는 것 자체가 무리였다. 법학 공부는 어떠한 지식을 부분, 부분 아는 것보다 전체적인 체계를 파악하는 것이 중요하다. 그리고 그 전체적인 틀을 파악하기 위해선 부분, 부분들이 머릿속에 확실히 있어야 한다.

사람들은 사법시험이 책을 달달 외워서 보는 무식한 시험이라고 생각한다. 순전히 오해다. 물론, 시험을 잘 보기 위해 암기가 필수이긴 하지만 '암기'란 이해를 완벽히 한 후의 일이다. 이해가 없다면 그 많은 양을 암기할 수 없다. 또 그 이해를 위해서는 논리가 전제되어야 한다.

2차 시험은 논점을 파악해 자신이 생각한 논리대로 암기한 지식을 사안에 적용하여 쏟아내는 것이었다. 사람의 기억력에는 한계가 있어서 머릿속에 채워 넣은 부분적인 지식은 일정 시간이 지나면 희미해지기 마련이다. 반복은 그 망각의 속도를 늦춰줄 뿐이다. 평범한 두뇌를 가진 사람은 두꺼운 책을 볼 때, 마지막 부분을 공부할 때 쯤이면 앞쪽에서 공부했던 어떤 부분은 벌써 잊혀져 생각나지 않을 것이다. 그게 당연하다.

그러나 시험을 보기 위해서는 그 책의 내용들이 모두 머릿속에 있어야 한다. 반복하고 반복하다 보면 책 한 권이 다 머릿속에 들어올 때가 있다. 마치 구슬 목걸이를 만들 때, 가느다란 실로 구슬을 하나하나 꿰어 가는 것을 상상하면 쉽다. 공부를 하다 보면 어느 순간 지금까지 꿰었던 구슬을 모두 관통하는 그 가느다란 실이 훨씬 굵은 실로 바뀌는 느낌이 든다. 그때가 바로 그 체계를 파악하게 된 때가 아닐까 싶다.

머릿속에서 내가 그동안 만들고 조립해 온 크고 작은 톱니바퀴들 하나하나가 모두 맞물려 한꺼번에 돌아가는 느낌이 드는 순간

공부를 하다 보면 어느 순간 지금까지 꿰었던 구슬을 모두 관통하는 그 가느다란 실이 훨씬 굵은
실로 바뀌는 느낌이 든다. 그때가 바로 그 체계를 파악하게 된 때가 아닐까 싶다.

이 왔다. 그 전까지는 내가 그렇게 공부를 좋아한다고는 생각해 본 적이 없었는데, 이 기분이 들고난 후부터 공부하는 것이 너무 재미있어졌다. 부분부분의 지식을 공부하는 것도 더 수월해졌다. 하지만 아직은 많이 부족한 실력이었고 답안지는 나의 실력을 적나라하게 말해주었다.

첫 번째 시험에선 당연히 떨어졌다.

2007년 6월, 1학기를 마치고 본격적으로 2차 준비에 돌입했다.

다시 신림동 고시촌으로 거처를 옮기고 테이프 강의를 들었다.

여러 명이 스터디를 결성해 공부하면서 실력이 뛰어난 분들에게 도움을 받기도 했다. 우선 몇 개의 합격수기를 찾아 2차 시험공부 방법을 읽어 보고 기출문제를 분석하며 노트를 만들고 교수님들의 강평을 찾아 읽으며 기출문제 분석 노트에 필기를 했다.

1차를 준비했던 때보다는 조금 여유를 가지고 시험과 강평 및 스터디 시간을 제외하고 하루에 6시간~10시간 정도만 공부했다. 물론 시험이 가까워질수록 공부 시간은 늘렸다. 아침에 일찍 일어나는 것에 스스로 강제성을 부여하기 위해 친구와 같이 아침 스터디를 했다. 6시 반에 일어나 7시부터 기출문제 풀이 스터디를 한 시간 반 정도 하고 학원 모의고사를 본 후 강평을 들었다. 일곱 명이 함께 오후 스터디를 하고 점심을 먹은 후 각자 독서실에 가서 공부를 했다.

2차 준비 때는 따로 동기부여를 할 필요가 없었다. 책상 앞에 오랜 시간 앉아서 공부를 하는 것에 이미 익숙해졌고 잡생각도 들지 않았기 때문에 하루하루 그날 분량의 공부를 하면 되었다. 이때는 여행 생각을 많이 하지 않았다.

공부만큼이나 체력과 휴식도 중요했다. 1차 공부 때는 복싱과 헬스로 유산소 운동을 시간을 내어 했었지만, 2차 준비 때는 운동 대신 휴식시간을 갖는 편을 택했다.

고시생은 요란하게 놀고 나면 머릿속에 잔상이 오랫동안 남아 바로 다시 공부에 집중하기 어렵다. 때문에 고시촌 밖으로의 외출은 하지 않았다. 잠깐씩 머리를 쉬게 하는 것이 좋을 것 같아 점심 먹고 1/3, 저녁 먹고 1/3, 자기 전에 1/3 만화책을 하루에 한 권씩 보았다. 1차 공부를 할 때와 마찬가지로 같은 고시원에 사는 친한 친구와 매일 밤, 공부를 마치고 30분~1시간씩 이야기를 하며 깔깔대기도 하고 주말에는 고시식당이 아닌 곳에 가서 맛있는 것을 먹거나 DVD방에 가서 영화를 한두 편씩 보았다. 하루에 한 시간씩은 미국 법조 드라마를 보기도 했다. 한 과목 공부를 마치면 스터디 멤버들과 술을 마시며 스트레스를 풀기도 했다. 하루의 낙은 친구들과 같이 점심 및 저녁 식사를 하는 것과 공부를 마치고 친구와 대화하는 것이었다. 한 달에 한 번씩 친구들과 함께 대중목욕탕에 갔는데 우리는 욕탕에서 수다를 떨다가 깔깔댔고 서로의 등을 밀어주다가도 깔깔댔다. 한 달 중 가장 기다려지는 날이었다. 공부는 잠시나마 잊고 계속 함께 웃을 수 있었기 때문이다. 같이 고시촌에서 공부를 하지 않는 친한 친구와는 손 편지를 주고받으며 우정을 이어나갔다.

초반에는 가족들이 있는 본가에도 매주 갔지만 점점 그 횟수를 줄였고 나중에는 아예 고시촌 밖으로 나가지 않았다. 때문에 부모님이 가끔씩 주말에 오셔서 함께 식사를 했다. 엄마는 가끔씩 삼계탕 등의 음식을 해서 가져다주시기도 했다.

1.5평 골방, 그곳에도 낭만은 있지

'고시촌'이라는 단어 자체에서 풍기는 약간 어둡고 퀴퀴한 분위기.

꽉 막힌 골방에서 잘 씻지도 못하고 책만 보는 고시생들이 말 한 마디 하지 않고 초인적으로 외롭게, 힘겹게 살고 있을 것 같지만 사실 고시촌 안에는 그 나름대로의 낭만이 있었다.

같은 독서실을 다니는 친구들 책상에 간식과 함께 격려의 글을 적은 포스트잇을 붙여 놓기도 하고 농담을 적은 쪽지를 가져다 놓기도 했다. 이런 소소한 쪽지 하나하나가 나에게는 꽤 큰 즐거움을 주었다.

여름날 공부를 마치고 방에 돌아와 누우면 바깥에서 사람들이 삼삼오오 길에 모여 두러두런 이야기하는 소리가 들려왔다. 자세히 들어보면 그 소리는 고시원 사람들이 야식을 먹으며 판례분석을 하는 소리였지만, 나에게는 마치 휴가철 해변가에서 사람들이 밤바다를 보며 떠드는 소리처럼 들렸다. 잠시 동안 내가 어느 민박집 방에 누워 있나 하는 착각이 들기도 했다. 여름내 두런두런 이야기 소리가 가져다주는 나른함에 젖어 잠이 들었다.

겨울날 눈이 많이 왔을 때는 공부를 마친 밤 12시 반에 친구들과 고시촌 골목길을 뛰어다니며 눈싸움을 하기도 했다. 늦은 시간이라 소리는 못 내고 입을 틀어막고 낄낄대면서 눈싸움을 했다. 이런우리의 모습을 보고 집으로 돌아가던 다른 고시생들이 잠시 눈싸움에 동참하기도 했다.

밤에는 찹쌀떡 장수가 신림동 곳곳을 돌아다니며 찹쌀떡, 메밀묵을 외쳤다. 나는 찹쌀떡을 좋아해서 소리가 가까이에서 들리면 독서실에서 벌떡 일어나 밖으로 뛰쳐나가 찹쌀떡을 사 먹었다. 거의 매일 떡을 먹었다. 떡을 너무 많이 먹는 것 같아서 어느 날부터는 떡을 끊기로 결심하기도 했다. 아저씨의 목소리가 들리면 마음이 흔들릴 것 같아서 귀마개를 하고 공부를 했다. 그런데 귀마개를 해도 아저씨의 목소리는 정말 잘 들렸다. 테이프를 듣고 있는데도 신기하게 아저씨의 찹쌀떡 외침은 강사의 목소리보다 더 뚜렷하게 들려왔다.

아저씨의 목소리가 들리기 시작할 때부터 사라질 때까지 계속 책상 앞에서 고민하다가 결국엔 뒤늦게 뛰쳐나가 이미 지나친 찹쌀떡 장수 아저씨를 찾아 골목 이곳저곳을 뛰어다녔다. 아저씨가 보이면 힘껏 뛰어 결국 찹쌀떡을 손에 넣고야 마는 그런 강한 집념의 겨울밤이 이어졌다.

'나 자신'이라는 왕국에서 왕이 되어라

크림색 코트 때문에

11월의 어느 날, 엄마가 전화를 하셔서 다음 주 주말에 친척 아기의 돌잔치에 함께 가자고 하셨다. 나도 오래간만에 친척들이 뵙고 싶어 흔쾌히 그러겠다고 했다. 그날부터 나는 간만의 외출에 들떠 머릿속으로는 벌써 준비를 시작했다.

'무슨 옷을 입고 갈까? 화장도 해야겠지?'

생각해보니 고시촌 내 방 옷장에는 추리닝과 잠바밖에 없었고 스킨, 로션, 자외선차단제 외에는 화장품도 없었다. 본가에 뭐가 있었는지 생각하다가 학교에 다닐 때 입었던 크림색 코트가 떠올랐다. 엄마께 전화를 걸어 그 코트를 입고 갈 테니 찾아봐 달라고 말씀드렸다. 그리고 그 코트에 어울릴 옷도 머릿속으로 맞춰 보며 엄마께 그 옷들도 찾아 달라고 했다. 오랜만의 외출이라 기대가 되었고 또 오랜만에 친척들을 뵙는 것이니 최대한 예쁘게 하고 가고 싶었다.

기다리던 주말이 되었다. 엄마가 저녁 때 데리러 오시기로 했기 때문에 나는 그전에 아이섀도도 하나 구입하고 아이라이너도 친구에게 빌려 놓았다. 샤워를 하고 막 준비를 하려는데 엄마께 전화가 왔다.

"은정아, 어떡하니? 네가 말한 크림색 코트가 없네."

"잘 찾아보셨어요? 그럴 리가 없는데… 옷장 안에 분명히 있을 거예요."

아뿔싸! 시험공부를 시작하기 전에 엄마와 함께 그 코트를 버린 것이 생각났다. 코트에 큰 얼룩이 생겼는데 그게 빠지지 않아서 버렸던 것이다. 엄마도 나도 그 일을 까맣게 잊고 있었다. 그것이 생각난 순간 나의 모든 기대는 풍선 바람 빠지듯이 다 빠져버리고 나는 풀이 죽었다.

'쥐색 코트가 하나 더 있었는데? 참, 그건 예전에 같은 아파트 사는 동생에게 주었지…….'

입고 나갈 옷이 예전에 버린 크림색 코트와 지금 내 옆 옷장 안의 점퍼 밖에 없다는 사실에 짜증이 왈칵 났다. 외출을 하려고 며칠 동안 기대하며 준비했던 내가 너무 바보 같았다.

"엄마가 다른 거 있나 찾아볼게."

"아니에요. 저 안 갈래요."

"무슨 말이니? 친척들에게도 다 너 간다고 말씀드렸고 다들 기다리실 텐데!"

내가 갑자기 가지 않겠다고 하니 엄마도 화가 나셨다. 그러나 나는 정말 가고 싶지 않았다. 아니 아무것도 하고 싶지 않았다. 그냥

'나 자신'이라는 왕국에서 왕이 되어라

그 상황에 너무 화가 났다. 그날 아침에도 함께 공부하는 친구와 불안한 지금, 그리고 우리의 상태에 대해 한참 이야기를 하고 난 후였다. 다른 사람들은 우리 나이에 여러 가지 경험을 쌓고 인턴십도 하고 취직하고 발전하고 있는데 우리는 제자리에 정체되어 있는 건 아닌지, 만날 추리닝 입고 공부만 하는데 과연 합격은 할 수 있는 건지, 열심히 해도 합격은 불확실하고 그렇다면 앞으로 가고 있기는 한 건지, 그리고 솔직히 추리닝이 편하기는 하지만 변변찮은 외출복 하나 없는 우리가 너무 처량하다느니… 모두 푸념 섞인 이야기들이었다. 아직 공부한 햇수는 얼마 안 되었지만 2차 시험은 한 번에 합격하기가 어렵다는 이야기를 누차 들어왔고 불합격하면 앞으로 얼마나 더 공부를 해야 할지, 오래 공부하면 합격할 수는 있는 건지, 그것 역시도 불확실했다.

내 앞날은 이토록 불확실하기만 한데 나를 뺀 나머지 또래들은 계속해서 발전하는 것 같아 너무 불안했던 것이었다. 이런 푸념의 결론은 늘 우리가 열심히 해야 한다는 것. 그것뿐이었다.

엄마와 크게 다투고 전화를 끊었는데, 잠시 후 엄마께 다시 전화가 걸려왔다.

"은정아, 엄마가 코트 사줄게. 같이 가자."

그 순간 나는 울음을 터졌다. 엉엉 울고 말았다. 그렇지 않아도

엄마에게 괜히 말도 안 되는 화를 내고 속상하게 해드려 마음이
안 좋았는데 엄마는 이렇게 어리고 못난 딸에게 코트를 사주겠다
고 하시니 죄송하기도 하고 내가 밉기도 하고 복잡한 서러움이 밀
려왔다.

“엄마 그게 아니에요 엉엉. 엄마 미안해 정말 미안해 엉엉. 나 코
트 필요 없어 엉엉. 코트가 가지고 싶은 게 아니라요 엉엉. 그냥 요
즘 너무 불안해서 엉엉. 외출복 하나 없는 내가, 외출한다고 이주
전부터 들떠서 준비하는 내가, 그냥 이 상황 자체가 다 너무 싫어
서 엉엉. 그래서 엄마한테 괜히 투정 부린 거야. 내가 잘못했어. 엉
엉. 너무 미안해.”

결국 나는 부은 눈을 하고 웃으며 항상 입던 점퍼를 입고 안에
는 엄마가 집에서 가져오신 청바지를 입고 돌잔치에 갔다. 친척들
은 모두 나를 반갑게 맞아주셨고 내 옷에 신경 쓰는 사람은 당연
히 아무도 없었다.

다음날 친구를 만나서 전날 있었던 이야기를 하면서 함께 또 깔
깔 웃었다. 부끄럽고 우습기까지 한 일이었다. 하루 지나고 되돌아
보니 그런 내 모습이 너무 어리게 느껴졌다. 물론 그날 나는 매우
아이 같았지만 그 당시의 내 상태를 잘 말해주는 사건이었다.

'나 자신'이라는 왕국에서 왕이 되어라

밑바닥에서 건져 올린 '나'

체력만큼은 자신 있는 편이었는데, 운동을 하지 않아서 그런지 고시 공부 2년차가 되자 체력이 점점 떨어지는 것이 느껴졌다.

우선 아침에 일어나는 것이 점점 힘들었고 갑자기 코피를 쏟는 일도 잦아졌다. 몇 번이나 몸살이 나기도 했다. 몸이 아프면 몸은 물론 머리까지 무거워져서 평소 페이스로 공부를 하기 어려웠다. 집중도가 떨어지기 때문에 같은 시간 동안 책을 보아도 진도는 훨씬 떨어졌다. 특히 시험이 얼마 남지 않았을 때 몸살감기에 걸렸는데 그날은 기침이 너무 심하게 나와 남들에게 피해가 갈까 봐 독서실에 가지 않고 방에서 공부를 했다. 앉아 있을 기운이 없어 옆으로 누워 책을 보았다.

아픈데 제대로 쉴 수도 없는 상황에 눈물이 주르르 흘렀다. 일반적으로는 아프면 쉬고 공부를 하는 게 더 효율적이겠지만 시험이 임박한 상황에서는 그럴 수 없다. 공부할 양이 많다 보니 고시생에게는 하루하루 공부할 양에 대해 계획을 세워 밀리지 않고 그 진도대로 공부를 하는 것이 중요하다. 좀 과장해서 말하자면, 하루 진도가 펑크 나면 다음날 진도가 밀리고 그러면 다음 주 진도가 밀리고, 다음 주 진도가 밀리면 다음 달 진도가 밀리고 결국 합격이 밀린다. 펑크 난 하루의 공부를 메우기가 그만큼 힘들다는 뜻이다. 그래서 한창 중요한 시기에는 신림동까지 찾아온다는 친구도 못 만나고, 부모님이 계신 집에도 못 가고, 아파도 쉬지 못하고 계속 공부를 했다. 게다가 이 시기의 하루는 세 달 전의 일주일과도 같은 가치를 가졌다. 그만큼 중요한 시기였는데 그렇게 하루를 날리면 그 과목은 망칠 가능성이 있었고 그렇다면 내 합격은 멀어질 것이 뻔했다.

몸도 아프고 머리가 무거워 집중력이 떨어지니 공부가 제대로 될 리 없었다. 할 것은 너무 많은데 몸이 아파 공부를 제대로 못 하이 짜증만 나고 화가 났다. 눈물을 흘리며 책을 보았다.

시간이 갈수록 체력이 자꾸 떨어지는 것 같아 병원에 가서 수액 주사를 맞고 약국에서 피로회복제도 자주 사 먹었다.

시험이 한 달 반 정도밖에 남지 않은 어느 날 극도의 슬럼프가 찾아왔다.

갑자기 공부가 너무 하기 싫어진 것이다. 그때까지 그토록 공부가 하기 싫은 것은 처음이었다. 이전에 친구와 함께 하루 반나절 바람 쐬고 털어버렸던 '그것'과는 차원이 달랐다.

책상 앞에 앉기조차 너무 싫어서 지금까지 해왔던 노력이건 뭐건 손에서 다 놓아 버리고 싶었다. 책을 읽어도 머릿속에 들어오지 않으니 불안했고 나만 이러는 게 아닌가 싶어 더 불안했다.

엎친 데 덮친 격으로 갑자기 외모에 대한 자기비하까지 시작되었다. 아침에 독서실에 가려고 책을 챙겨 나오면서 고시원 엘리베이터에 비친 내 모습을 보았는데, 그렇게 못나 보일 수가 없었다. 스트레스로 여기저기 뽀루지가 생긴 거무칙칙한 얼굴, 더욱더 말라 보이는 몸통, 먹기만 하고 신체 활동을 하지 않으니 굵어진 팔뚝, 오래 앉아 있어서 굵어진 하체. 마른 상체 위로 커 보이는 머리. 엘리베이터 문 앞에는 남자인지 여자인지 분간이 안 가는 얼굴에 비정상적인 체형을 가진 사람이 한 명 서 있었다.

'저게 정말 나라고? 뭐 저 따위로 생겼어? 왜? 어쩌지? 왜 이렇게 엉망이 되었지?'

밖에 나가기가 부끄러웠다. 독서실 가는 길에 마주쳐도 신경 쓰일 사람 하나 없었고 독서실에 가도 아무도 나를 쳐다보지 않을 것이었지만 스스로가 너무 창피해서 나갈 수 없었다. 방에 돌아와 옷을 갈아입고 다시 나가서 나를 비춰 봐도 상황은 똑같았다. 두 번이나 다시 옷을 갈아입고 나왔다. 나아질 것이 없었다. 결국 나는 집 밖으로 나가기를 포기하고 방에서 공부를 했다. 그날부터 나는 내 외모를 심하게 비하하기에 이르렀고 친구들은 그런 내 모습에 놀라며 걱정을 했다.

방황은 아름답다

스트레스는 극도에 달했다. 외모뿐만이 아니었다. 슬럼프라고 해도 손에서 책을 놓지 않고 있었는데 약해진 체력 탓에 여러 번 아침에 늦게 일어나게 되었다. 그럴 땐 나도 모르게 스스로에게 심한 욕을 퍼붓고 자책했다.

'이렇게 퍼져서 늦게까지 자다니 나는 쓰레기야. 밥을 먹을 가치도 없어.'

스스로에게 벌을 주는 의미로 난 점심을 굶어가며 그날 오전 동안 했어야 할 공부를 했다. 몸과 마음을 헤치는 스트레스를 받을 대로 받아가며 계속 제자리걸음을 하고 있는 듯했다.

나만 이런 상태인 줄 알았는데 이때쯤 모두 비슷한 시기를 겪고 있었다. 친구도 너무 공부가 안되서 하루 종일 TV 쇼 프로그램을 보았다면서 괴로워하더니 며칠간 집에 다녀오겠다고 고시촌을 떠났다. 같은 독서실에 다니며 공부를 하는 2차 수험생들 모두 별반 다르지 않은 듯했다. 내 주변에 앉은 분들은 항상 성실하게 자리를 지키며 열심히 하는 모습을 보여주어 나도 자극을 받아 열심히 공부했는데 이때는 다들 공부가 잘 안 되는 것 같아 보였다. 모두 불안과의 사투 중이었다.

이렇게 저렇게 손에서 책을 놓지는 못한 채 집중이 안 되는 나날을 보내고 있었다. 행정법 과목을 시작하는 날이었는데, 정말 짜증이 극에 달했다. 시간은 없는데 공부해야 할 것은 너무 많았다. 책을 펴니 정말 입에서 욕이 툭 튀어 나왔다. 3000페이지를 어떻게 4일 동안 다 보지? 말이 되는 양인가 이게?

2차 시험 공부에서는 보통 일곱 과목의 책을 각 5~6번 봐야 했고 교과서뿐만 아니라 사례집과 각종 보충자료들도 있었기 때문에 그 양이 정말 엄청났다. 시험 날짜가 임박할수록 책을 빨리 보았는데 계획에 따르면 이 시기쯤에는 4일에 한 과목 공부를 끝내야 했다. 행정법은 그중에서도 양이 많은 과목 중 하나였고 좋아하기는 했지만 어려운 과목이었다. 그동안 공부를 해오면서 마지막에 공부하기 쉽도록 양을 줄여놓았지만 아직은 교과서도 함께 봐야 했다.

하루에 800페이지를 봐야 한다는 게 너무 막막해서 눈물이 났다. 공부는 하기 싫은데 갈 길은 멀고 앞이 깜깜하여 눈물이 멈추지 않았다. 독서실에서 울면 부끄럽기도 하고 코 푸는 소리가 다른 수험생들에게 피해를 주기 때문에 책을 가지고 방으로 갔다. 방에 가서 책을 폈더니 또 눈물이 났다. 방이니까 편하게 엉엉 울었다. 이런 많은 것들을 하루 동안 공부해야 한다니 어이가 없었다. 가뜩이나 집중도 잘 안 되는데! 짜증이 몰려와서 나도 모르게 책을 바닥에 던져 버렸다. 무겁고 두꺼운 책은 내동댕이 쳐지면서 일부는 구겨지고 일부는 찢어졌다. 30분 넘게 엉엉 울었다. 그렇게 계속 울다보니 더 이상 눈물도 안 나오고 목도 쉬어서 더 울기 힘들어졌다.

텔레비전 볼륨을 갑자기 줄인 것처럼 울음을 그쳤다. 마른 침만 삼키면서 주위를 둘러봤다. 운다고 상황이 나아지는 건 아니었다. 말 못 하는 아기처럼, 울면 엄마가 와서 해결해 주는 것도 아니었다. 이 상황을 빠져나갈 다른 방법이 있는 것도 아니었다. 아니, 방법이 있기는 했다. 하기 싫으면 안 하면 되는 것이었다. 이는 곧 고시 포기를 의미한다. 그렇지만 그건 있을 수 없는 일이었다. 지금까지 내가 어떻게 공부를 했는데…. 지금까지 열심히 한 시간을 생각하면 절대 포기는 할 수 없었다. 이제 마지막 한 달만 남았다. 지금까지 잘 해왔는데, 이 마지막 한 걸음을 헛디디면 지난 모든 시간이 물거품이 된다. 그럴 수는 없다.

눈물 콧물 범벅된 얼굴을 슥슥 문질러 닦고 바닥에 내동댕이쳐진 책을 들어 책상으로 가져왔다. 구겨진 부분을 펴고 찢어진 부분을 테이프로 붙였다. 울면서 내던지고 난리를 피우다가 결국 스스로 수습하는 내 모습이 좀 우습기도 하고 민망하기도 했다.

세수를 하고 책상 앞에 다시 앉았다. 머릿속이 개운했다. 슬럼프라 지칭했던 그 검은 그림자가 차츰 걷히고 있는 것 같았다. 맑은 정신이 돌아와 다시 공부를 열심히 할 수 있었다. 친구도 집에서 돌아와 힘을 내 공부를 하고 있었다. 모든 것이 어느새 제자리로 돌아와 있었다.

이제 밥을 먹는 시간도 아까워서 밥을 먹으며 스터디를 했다. 마지막 날까지, 정말 닥치는 대로 공부했다. 그리고 시험 전날이 다가왔다. 두근거리는 마음을 다독이며 생각했다.

'지금까지의 내 인생이 짧다면 짧지만 그래도 그동안 살면서 내가 이토록 간절했던 적은 없다. 그리고 그만큼 열심히 했다. 나는 합격한다.'

내 이름이 있다!

공부를 하는 내내 내 머리맡에 붙어 있던 세계지도. 하루도 잊지 않고 키운 꿈이었지만 막상 시험이 끝나고 나서는 합격 발표가 나기 전까지 아무것도 할 수 없었다. 구체적인 여행 계획은커녕 여행을 현실적으로 고려하는 마음 자체가 들지 않았다.

단 한 번의 기회밖에 없다고 생각하고 죽자 살자 공부했지만 실제로 떨어지게 된다면… 그동안 공부한 게 아까워서라도 재도전을 할 것이라고 내심 마음먹고 있었기 때문에 여행은 그때까지 여전히 꿈이었다. 공부를 하는 기간 동안 그리고 시험을 치른 지 얼마 안 되었을 때에는 '합격 그 후의 나날'에 대한 꿈을 꿨지만 곧 나는 '불합격 이후의 나날'에 대해 걱정하게 된 것이다.

세계지도는 바로 내 머리맡에 여전히 붙어 있었지만 그 꿈은 오히려 저만치 더 멀어진 듯했다.

2차 시험 후 복학해서 3학년 2학기를 다니고 있을 때 제50회 사법시험 2차 합격자 발표가 있었다. 학교 시험 기간이라 나는 시험을 보러 학교에 가는 중이었다. 합격자 발표 며칠 전부터 아무것도 손에 잡히지 않았다.

발표가 나는 날, 학과 시험을 보기 전에 확인을 해야 할지 시험을 본 후 확인을 해야 할지 계속 고민을 하다가 만약 내 이름이 없다면 당일 시험까지 망칠 것 같아서 시험 본 후 확인을 하기로 마음을 먹고 학교 교문을 들어서고 있는데 친하게 지내는 동생에게 전화가 왔다.

"언니! 언니 이름이 있어!"

대강당 앞 계단을 오르다 멈췄다.

"어어? 저, 정말? 발표가 났어?"

전화기를 든 내 손도, 내 목소리도 떨리고 있었다.

"언니 이름이 있어! 있다고! 축하해. 언니 나 지금 눈물 날 것 같아."

"정말? 정말 내 이름이 있어?"

'나 자신'이라는 왕국에서 왕이 되어라

합격 소식을 듣는 순간, 어떨까? 수도 없이 생각했던 장면이었다. 지난 시간들이 주마등처럼 스쳐지나가며, 기쁨의 눈물이 흐른다. 소리를 지르며 기뻐 감격에 겨워 어쩔 줄을 몰라 하는 그런 모습.

그런데, 막상 합격 통보를 받자 아무것도 생각나지 않았다. 기뻐 날뛰지도 펑펑 눈물이 나지도 않았다. 꿈꿔왔던 세계여행을 떠올리지도 않고 있었다.

오로지 '다행'이라는 생각만 들었다.

'다행이다. 정말 다행이다. 그 힘들었던 시간을 다시 보내지 않아도 된다. 나는 그 시간을 다시 겪지 않아도 된다! 아, 감사합니다. 정말 감사합니다!'

얼마나 간절히 원했던가.

누군가는 우스갯소리로 합격만 시켜준다면 기꺼이 부산에 있는 집까지 삼보일배를 해서 가겠다고 했었다. 그 정도로 합격에 대한 고시생의 열망은 간절했다.

학교 건물로 뛰어 올라가 합격자 명단의 내 이름을 확인했다. 정말 내 이름이 있었다. 부모님께 전화를 드려서 기쁜 소식을 전했다. 엄마의 목소리가 떨리는 게 느껴졌다.

사회생활 VS 세계여행

일단 합격을 하고 나니 다른 고민이 생겼다. 한시라도 빨리 사회생활을 시작해야 하지 않을까? 사법시험에 빨리 합격하는 것보다 사법연수원을 빨리 수료하는 게 더 중요하다는데? 로스쿨 제도가 생겨서 만약 연수원입소를 연기하면 취직이 더 힘들어진다는데?

어른들은 일찍 사회생활을 시작하는 게 좋으니 한시라도 빨리 연수원에 들어가라고 말씀하셨고 함께 합격한 친구들도 연수원 공부를 예습하기 시작했다. 일찍 취직한 친구들은 벌써 직장인 2년차였다. 나 역시 슬슬 조바심이 일기 시작했다. 남들처럼 빨리빨리 뭔가를 해야 할 것 같았으니까. 세계여행의 꿈을 꾸던 것이 언제였냐는 듯, 나는 졸업 후 곧 바로 연수원에 들어가는 것을 당연하게 계획하고 있었다.

그러던 어느 날, 영화 한 편을 보게 되었다. 〈레볼루셔너리 로드(Revolutionary Road)〉(2008)*라는 영화였다. 이 영화를 보게 된 일은 결과적으로 내가 여행을 결심하는 데에 결정적인 계기가

---

* 〈레볼루셔너리 로드(Revolutionary Road)〉(2008) : 레오나르도 디카프리오, 케이트 윈슬렛 주연의 미국 영화. 모두가 안정되고 행복해 보이는 길, 레볼루셔너리 로드에서 안정되게 살고 있는 부부 에이프릴과 프랭크. 잔잔하고 반복되는 일상에서 탈출을 원하는 에이프릴과 현실에서 좀 더 안정된 삶을 살고자 하는 프랭크의 대립으로 현실과 이상 사이에서 갈등을 풀어낸 샘 멘데스 감독의 2008년 작.

'나 자신'이라는 왕국에서 왕이 되어라

되었다. 영화는 결코 꿈과 희망이 넘치는 내용도, 젊은이들의 좌충우돌 성장 영화도 아니다. 결혼 7년차 부부의 권태에 대한 지극히 현실적인 이야기로 결코 누군가에게 세계 일주의 꿈을 불어넣을 내용은 아니다.

안정적인 직장에 모두가 부러워할 만한 집. 토끼 같은 두 아이와 함께 사는 부부. 누가 봐도 행복하게 살고 있는 1950년대 미국의 어느 중산층의 부부가 이 영화의 주인공들이다.

아버지처럼 살지 않겠다고 다짐했지만 아버지가 일하던 회사에서 별 의욕 없이 기계 부품처럼 일하는 프랭크는 새로 온 여직원을 꼬시는 재미로 지겨운 일상을 잠시나마 잊으려 한다. 마을 연극단 공연에서 발연기를 펼치고는 집에 돌아와 애꿎은 프랭크에게 짜증을 내는 그의 아내 에이프릴도 일상은 그리 만족스럽지 않다. 꿈에 대해 이야기하며 서로에게 빠져들었던 두 사람의 첫 만남과 결혼 7년차 맞게 된 권태로운 삶 사이의 간격은 영화에서 생략된 7년의 시간만큼 크다.

이상과 현실. 결국 두 사람은 프랭크의 오래전 꿈이었던 파리에서의 삶을 다시 갱생시켜 떠날 것을 결심한다. 떠날 결심을 하고 새롭게 시작하려니 모든 것이 신 난다. 프랭크는 그들의 떠남을 '절망적이고 공허한 삶으로부터의 탈출'이라고 표현한다. 비슷한 중절모를 쓰고 비슷한 양복을 입고 똑같은 신문을 보고 같은 기차에 오르는 많은 사람들 사이에서, 프랭크는 달라 보인다. 눈에 띈다. 두 사람의 선택을 두고 비현실적이다, 미쳤다고 말하는 사람들을 뒤로 하고 '제대로 된 삶을 사는 것이 미친 것이라면 난 미쳐도 상관없다'고 에이프릴은 말한다.

그러나 프랭크가 회사를 그만둘 생각으로 마음대로 한 일이 큰 성과를 거두고 그로 인해 제안받게 된 승진과 고액의 연봉이 프랭크의 발목을 잡는다. 떠나기로 한 후 두 사람의 사이가 좋아지다 보니 에이프릴은 셋째 아이를 임신한다. 떠남에 장애물로 등장한 그 두 가지 사건을 사이에 두고 두 사람의 가치관 충돌은 심화된다. 이 영화의 끝이 해피엔딩은 아니다.

'첫째 아이는 실수였지 않나. 그게 실수라는 걸 인정하고 싶지 않아 둘째 아이도 임신했다. 어쩌다가 내 삶이 이렇게 되었나. 여기만 아니라면 파리가 아니라 어디라도 좋다. 이제 내 뜻대로 무언가를 해보고 싶다'는 에이프릴의 이기적인 외침은 어쩌면 많은 사람들의 마음속에 꾹꾹 눌러 담겨져 있는 것과 같은 것이 아닐까?

우리는 실수하고 싶지 않아서 혹은, 실수했다는 것을 인정하고 싶지 않아서 계속 앞으로만 나아가는 것일지도 모른다.

물론 두 사람이 파리로 떠났다면 공허한 일상을 살지 않았을 거라고 단정할 수는 없다. 어쩌면 어디에서나 일상은 탈출하고 싶은 것일지도 모른다. 그게 무엇이든 일상이 되는 순간 벗어나고 싶어질지도.

주말 저녁 가족들과 옹기종기 모여 앉아 참외를 깎아 먹으며 TV 보는 시간도 대단히 행복하고 소중하다.

하지만 내 인생이 어떻게 흘러가고 있는지도 모르면서 매달 카드 값을 꼬박꼬박 잘 내고 있으니 그래도 나는 잘 살고 있다고 위안받고 싶지는 않다. 아니, 내가 무엇을 위해서 사는지, 무엇을 하고 있는지 정도는 제대로 알아야 건강, 가족 간의 화목 등 내 삶의 여러 가지 요소들의 가치를 더 잘 알 수 있고 감사할 수 있지 않을까.

지금 나는 혹 떠밀리고 있는 것은 아닐까. 주변 사람들의 말에, 분위기에, 모두의 불안함에 떠밀리고 있는 건 아닐까. 내가 가려는 길은 분명 내가 원해서 택한 것이지만 이런 마음으로 길을 시작하게 되면, '어쩌다 보니 여기까지 왔네'라며 뒤를 돌아보게 되지는 않을까.

고시생 시절 쓰던 수첩을 폈다.

맨 앞 장에 〈합격하면 할 일〉이라고 쓰여 있었다. 영원히 미루게 될지도 모를 내 꿈들이 야무지게 적혀 있었다. 그리고 한 장을 넘기자 그 뒤에는 세계지도가 붙어 있었다. 그 페이지를 펼치는 순간,

다시 가슴이 두근거리기 시작했다. 배낭을 메고 세계를 누비는 내 모습이 너무 뚜렷하게 그려져 가슴이 터질 것 같았다.

가자. 가는 거야!

사람이 칵테일보다 다양해

시험을 치르고 학교에 복학해서 다니기 시작하면서 다시 아르바이트를 했다. 특히 정말로 여행을 떠나기로 결심한 후, 여행자금을 모아야 했기 때문에 닥치는 대로 일을 했다. 학원과 학교에서 사법시험 2차 모의고사 답안지를 채점하고 두 달 동안 고시학원에서 보조강사 아르바이트도 했다. 7개월 동안은 이태원의 한 바에서 바텐더로 일했다. 전부터 칵테일을 만드는 법을 배우고 싶었기 때문에 바텐더를 하면 돈도 벌며 일도 배울 수 있을 것이라고 생각했다. 대부분의 바는 월급이 많았지만 경력을 요구했기 때문에 내가 일할 수 없었다. 처음부터 일을 배울 수 있는 곳을 찾았다. 장소를 이태원으로 한 것은, 아무래도 외국인들이 많이 오는 장소이므로 여행가기 전 영어로 대화하는 것을 연습할 수 있었고, 다양한 국적의 사람들을 만나고 싶었기 때문이다.

바텐더 일은 재미있었다. 갖가지 칵테일을 만드는 법을 배우고 가끔 불 쇼를 하는 기술도 연습했다. 바텐더이기 때문에, 바 앞에 앉은 손님들과 이야기할 기회가 많다는 것이 특히 좋았다.

주말에는 손님이 많아 주문받은 일만 하기에도 정신이 없었지만 평일에는 한 사람, 한 사람과 이런저런 이야기를 나눌 수 있었다. 생각했던 것보다 혼자 술을 마시러 오는 사람이 많았고 생각했던 것보다 훨씬 다양한 사람들이 바를 찾았다.

가까운 일본, 중국 그리고 영어권이나 유럽 국가 출신의 사람들부터 인도, 아프리카, 라틴 아메리카, 중동, 중앙아시아, 동남아시아 사람들까지, 갓 스무 살이 된 친구부터 나이가 지긋하신 분들까지, 미취업자와 실직자부터 예술계통 종사자, 운동선수, 무술인, 연예인, 군인, 선생님, 교수, 공무원, 회사원, 요리사, 각종 사업가까지. 국적, 나이, 직업 등을 불문하고 다양한 사람들을 만나고 함께 이야기를 나눌 수 있었다.

단 한 번 이야기를 나눈 사람도 있었고 단골이 되어 매주 이야기를 나눈 사람도 있었다. 나와 다른 삶을 사는 사람들에게 내가 해 보지 못한 경험을 듣는 것은 즐거운 일이었다. 단골이면 단골대로, 처음 온 사람은 처음 온 사람대로, 나름대로 편한 관계에 요즘 하는 생각이나 고민 등을 이야기해 주기도 했고 나는 그게 고마워서 그들의 입장에서 생각하며 공감해보려고 노력도 하고 내 생각은 어떤지 이야기하기도 했다.

본인은 사기를 당했지만 오히려 죄를 뒤집어쓰게 되어 며칠간 구속된 적이 있다는 50대 아저씨의 사연. 보석으로 석방되고 결국 무죄판결이 났지만 구속된 것 자체가 범죄자처럼 비춰지는 분위기에서 아내와 아이들에게 고개를 들 수 없으셨다고 했다. 법과 제도를 잘 모르는 상황에서 생업에 쫓겨 적시에 법률적 조력을 받지 못한 그분의 사연에, 법을 공부한 사람으로서 안타깝기도 했고 신체의 구금에 대한 사법기관의 판단은 역시 신중해야 한다는 생각이 들었다.

한번은 출장 오신 50대 외국인 사업가 아저씨를 만났다.

"이렇게 젊은 나이에 세계 여행을 한다니 정말 멋진 생각이구나! 나도 2,30대 세계 이곳저곳을 돌아다니며 여행을 했지. 그렇지만 그렇게 장기간 여러 곳을 돌아다니겠다는 생각은 못 했는데……."

"너는 어디에 가든 긍정적인 생각을 하고, 너를 배려하는 사람들을 만나게 될 거야. 여행지에서 만나는 사람들이란 그렇거든. 특히 그 사람이 여행자라면 더. 일상을 벗어나 여행을 떠난 사람은 여유 있고, 긍정적이거든. 너에게 따뜻한 웃음을 짓는 이 아저씨가 회사에서는 깐깐하기 짝이 없는 직장상사일 수도 있어. 여유 있는 많은

'나 자신'이라는 왕국에서 왕이 되어라

사람들을 만나고 더 넓은 마음을 가지고 돌아오렴. 어쨌든 여행은 편견과 선입견을 없애주지. 행운을 빈다.”

은퇴 후 각국으로 여행을 다니신다는 미국인 할아버지는 너무나 많은 칭찬을 해주셔서 내 어깨가 으쓱했다.

“내가 너의 부모라면 네가 정말 자랑스러울 거야. 얼마나 멋진 일이니. 용기가 대단하구나. 나도 20대에 그런 여행을 하지 못한 것이 참 아쉽구나.”

페루 사람들이 왔을 때에는 반가운 마음에 그동안 배운 스페인어로 더듬더듬 말을 걸었다.

“안녕하세요? 어디 분들이세요?”

“페루요.”

“아! 전 내년에 페루로 여행을 갈 거예요. 내년에 1년 동안 세계 여행을 할 거거든요. 그래서 스페인어도 배우고 있어요. 남미가 가장 기대되는데 페루분들을 만나니 정말 기뻐요.”

페루 사람들도 기뻐하며 페루의 이곳저곳을 추천해 주셨다. 그들은 그 후 단골이 되어 2주에 한 번씩 내가 일하는 바에 놀러왔는데 내가 일하는 마지막 날에는 작별인사를 한다고 내가 데낄라샷을 돌리자 그들이 답례로 데낄라샷을 돌리고 그 답례로 내가 또 돌리고 그들이 다시 돌리고 해서 또 계속 그렇게 이어지다가 우리는 모두

방황은 아름답다

취한 채로 어깨동무를 하고 깔깔대며 서로의 행운을 빌어주었다.

그런가 하면 한국을 처음 찾은 여행자들에게 가볼 만한 곳과 한국음식을 추천해주기도 하고 일본인 관광객들에게 친절해서 고마웠고 그래서 다시 오겠다는, 삐뚤삐뚤한 한글로 적힌 쪽지를 받고 뿌듯해하기도 했다. 이슬람교를 믿어서 술은 마시지 않지만 다트게임을 하러 온 튀니지 사람과 함께 튀니지 여행경로를 짜기도 하고 출장 온 아랍에미레이트의 변호사에게 그곳의 여성들의 삶이나 이슬람교를 믿지 않는 나는 갈 수 없는, 이슬람교 성지인 메카에 대한 이야기를 듣기도 했다. 나보다 더 많이 국내를 여행하고 나보다 더 많은 한국문학을 읽었으며 나보다 더 많이 한국역사와 문화에 대해 공부하신 외국인 교수님과 이야기하며 부끄러움을 느끼기도 했다.

그곳에서 일을 하면서 남자 또는 여자는 이렇더라, 성적소수자는 이렇더라, 이런 직업을 가진 사람은 이렇더라, 외국인은 이렇더라 하는 선입견이나 편견을 많이 없앨 수 있었다. 고민 많은, 벽장 속의 성적소수자가 있었고 커밍아웃하고 마음은 편해졌지만 상처받은 성적소수자가 있었다. 본받고 싶은 인격을 갖추신 일용직 노동자가 있었고 학력과 집안과 직업을 들먹이며 잘난 척을 하는 사람이 있었으며 사회적으로 성공했지만 겸손한 사람이 있었다.

만날 이성을 꼬셔서 어떻게 해보려는 외국인이 있었고 한국 사람과 사랑에 빠져 한국에 와서 산다는 외국인이 있었다.

7개월이라는 짧은 시간동안 그렇게 많은 사람들을 만나고 이야기를 나눌 수 있을 줄은 몰랐다. 칵테일 만드는 것을 배우고 영어로 대화할 수 있는 기회가 많을 터이니 영어실력 향상에 도움이 될 거라는 생각에 그곳에서 바텐더 일을 시작했지만 더 큰 것을 얻을 수 있었다. 세상에는 여러 가지 생각과 방식으로 살아가는 사람이 있으며 그렇게 다양한 사람들을 내가 편견 없이 대하는 방법도.

제대로 알고 떠나는 예의

1년이라는 짧은 기간 동안 전문적으로 깊이 있는 지식은 쌓을 수 없더라도 책을 읽음으로써 내가 가게 될 나라에 대한 어느 정도의 정보들을 두루 공부를 할 수 있었다.

우선 세계사에 관한 책부터 읽었다. 학교에서 '서양 근현대사의 이해'라는 수업을 들었는데 그 수업의 참고도서로 지정된 서양 중심의 세계사 책을 읽고 동영상 시리즈도 찾아 시청했다. 그다음에는 세계사를 보는 기존의 관점과 다른 시선으로 세계사를 다룬

책들을 몇 권 읽었다.

아프리카와 라틴 아메리카의 역사와 문화, 중동과 이슬람에 대해 따로 나와 있는 책을 읽고 부족한 부분을 보충했다. 특히 그 분야에 대한 전문가가 관련 국가를 여행하고 쓴 책들은 장소와 역사, 문화, 현재의 모습을 유기적으로 파악할 수 있어 굉장히 좋았다.

마지막으로 역사나 현실을 반영한 문학작품을 지역별로 한두 권씩 읽었다. 중간 중간에는 세계 일주에 대한 실질적인 정보를 담은 책과 나보다 먼저 장기 여행을 한 사람들의 책, 국제적 빈곤 및 분쟁·평화에 대한 책을 읽었다. 다른 사람이 여행하며 배우고 느낀 것들에서 상당히 많은 것들을 얻을 수 있었다.

남은 2학기 동안의 학교 수업도 2010년을 위한 것들로 채웠다. 법학 과목도 들었지만 세계사, 스페인 및 남미의 역사와 문화, 스페인어 그리고 지구촌 시대의 인권문제와 세계평화에 대한 수업을 들었다.

내 여행을 위한 준비라는 생각 때문인지 배우는 것 하나하나가 소중하게 느껴졌고 더욱 수업에 집중할 수 있었다. 남미의 역사와 문화에 대한 수업에서는 쿠바 혁명과 체 게바라에 대한 발표를 맡아 했는데 덕분에 그에 대해 많은 공부를 할 수 있었다. 세계 인권과 평화에 대한 수업은 대한민국 초대 인권대사를 지내신 이화여대

'나 자신'이라는 왕국에서 왕이 되어라

석좌교수 박경서 교수님께서 가르치셨는데 교수님의 실무 경험담 및 좋은 말씀들을 들을 수 있었고 세계 각국의 인권 침해 및 분쟁 현황과 각종 국제기구의 역할을 배울 수 있었다.

스페인과 중남미에서 가장 긴 시간을 보내게 될 것이었으므로 2009년 여름방학 때부터 스페인어를 배우기 시작했다. 학원에서 스페인어 집중속성반을 한 달 수강하여 다니며 기초를 닦고 2학기가 시작한 후에는 학교에서 기본 스페인어 강의를 들었다.

이런 준비들은 결론적으로 내 여행을 더욱 풍성하고 생동감 넘치게 해주었다. 역사 책으로 보던 곳을 직접 가서 내 눈으로 담았을 때의 희열은 '누가 가보라던데'라고 해서 그곳을 방문한 사람과는 차원이 달랐다. 영어가 통하는 곳이라도 현지어로 내 소개라도 할 줄 알면 현지인들은 좋아할 수밖에 없었다. 가격을 흥정할 때도 길을 물을 때도, 이렇게 조금씩 배워둔 언어와 지식을 써먹으면 현지인들에게 훨씬 쉽게 다가갈 수 있었고 그들도 나에게 마음을 일순간 열었다.

여행뿐만 아니라 무엇을 하든 우리는 준비를 하게 된다. 때때로 그 준비가 '준비를 위한 준비'가 되어버리는 수가 있다. 그러나 준비를 하는 과정에서 늘 '내가 뭘 위해 이것을 하고 있나, 이것은 분명 어느 메인 메뉴를 위한 에피타이저이다. 메인을 빛내기 위한

방황은 아름답다

과정이지 결과가 아니다'라는 생각을 가지고 그 준비에 임해야 하는 것 같다.

아르바이트와 여행에 대한 정보와 지식 습득, 그 밖의 여행 1년 간의 세계 여행 계획을 하는 1년. 실제로 여행을 떠나 세상으로 나갔던 319일이라는 시간만큼이나 중요했다. '준비한 사람은 어느 때든 유리하다'라는 진리를 명쾌하게 깨우칠 수 있었던 시간이었다.

'나 자신'이라는 왕국에서 왕이 되어라

Part 2

비전을 품은 가슴으로
벅차오르는 삶을 살아라

여행을 떠나와 나는 울고 있었다.
너무나 행복해서.
진짜 행복하다는 것이 무엇인지 알았다는
사실에 너무나 감사했다.

구름 위에서 만난 사람들

2010년 1월 25일. 짧지 않은 기간 동안 꿈꾸며 준비해온 여행을 떠나는 날이 왔다. 멋지게 짐 가방을 끌고 파란 하늘을 배경으로 공항 앞에 서서 가슴 벅차하는, 상상했던 그런 장면은 없었다. 비행기에 타고 그때서야 비로소 이 모든 게 실감났으니까.

　사실 여행을 떠나기 며칠 전부터는 남아공 숙소를 예약하고 짐을 싸느라 정신이 없었다. 출발 당일 날은 엄마와 말다툼까지 했으니 말 다했다. '짐 싸기는 출발 전날부터 당일까지'라는 나의 원칙을 고수하며 이번에도 출발 전날 밤 짐을 싸기 시작했는데 집에서 나가기 직전까지 배낭을 붙들고 왔다갔다하는 내 모습에 엄마는 화가 난 것이다.

"너 여지껏 짐도 안 싸고 뭐 했니!"

안 그래도 떠나는 딸을 보며 서운하고 걱정되는 마음을 다잡고 계셨던 엄마는 말다툼 끝에 눈물을 흘리셨다. 그런 엄마를 보며 나도 마음이 편치 않아 결국 우리 두 모녀는 눈시울을 붉히며 집을 나섰다.

거기에 공항까지 가는 가까운 길을 놔두고 돌아가는 시내 길을 소개해 준 네비게이션과 퇴근 시간에 임박해 밀리기 시작한 도로 상황은 운전을 하시는 아빠도, 옆에 있던 동생도 화나게 만들었다. 결국 우리 네 가족은 냉랭한 상태로 공항에 도착했다. 늦어진 수속 때문에 이리저리 뛰어다니다가 가족들과 사진 한 장 찍지 못하고 대충 인사를 해야 했다. 1년 동안 보지 못할 텐데… 조금 더 따뜻하게 인사하고 한 번씩 안아드릴걸… 출국장으로 들어서며 못내 후회되었다.

'모두들 건강히 계세요. 저도 건강히 다녀오겠습니다.'

서운하고 아쉬운 마음도 잠시, 비행기 선채에 몸을 싣는 순간 내 몸과 마음은 두근거리는 설렘의 진동으로 벅차오르고 있었다. 곧

방황은 아름답다

이륙이었다.

나는 이륙하는 순간을 굉장히 좋아한다. 이번 여행 1년 동안에도 아프리카와 남미 일부분을 제외한 지역을 비행기로 이동하느라 스무 번도 넘게 비행기를 탔는데 비행기가 이륙하는 매순간마다 여행을 처음 떠날 때처럼 가슴이 쿵쾅거렸다.

활주로를 달리던 비행기가 지상을 박차고 창공으로 날아오르는 순간. 내가 머물던 땅에서 완전히 분리되어 나는 미지의 세계로 향한다. 익숙한 것들과 일상으로부터의 탈출, 새로운 세계에 대한 기대와 상상. 앞으로 나는 어떤 사람들을 만나게 될까? 내게 어떤 일들이 일어날까? 몇 년 동안 꿈꾸고 1년여 동안 꼼꼼히 계획해 온 나의 여행이 이륙과 함께 시작되고 있었다.

구름 위로 오른 지 얼마 안 되어 나는 옆자리의 신사와 이야기를 나누게 되었다.

"한국에 오셨다 가시는 건가요? 출장?"

그는 수단에서 온 페링턴 신부님이었다. 페링턴 신부님은 수단과 탄자니아, 케냐를 오가며 교육활동을 하고 계신 분이었다. 수단 남부의 톤즈에서 함께 봉사활동을 하셨던 故이태석 신부님의 장례식에 참석하기 위해 한국에 왔다가 수단으로 돌아가는 중이라고 했다. 인도 출신이지만 영국과 스페인에서 수학하시고 탄자니아, 케냐, 수단에서 활동하셔서 힌디어, 영어, 스페인어, 스와힐리어 등을 자유롭게 구사하셨다. 현재는 수단의 수도 카르툼에 계신다고 했다.

나도 이제 시작될 내 여행에 대해 신이 나서 말씀드렸다. 내 여행계획을 들으시더니 용감하다고 크게 웃으셨다. 아프리카에서 주의할 곳에 대해 가르쳐 주시고 탄자니아와 케냐 그리고 수단에서 내가 안전하게 머물 수 있을 카톨릭 교회 연관 유스호스텔과 학교 그리고 그곳 신부님들의 연락처를 적어주셨다. 또 수단은 아직도 내전 중이니 그곳에서는 인권이나 변호사에 대해 말을 꺼내지 않는 게 좋을 것이라는 말도 덧붙이셨다.

원래 수단이 여행 계획에 있었으므로 신부님을 수단에서 다시 뵙기로 했다. 신부님과는 도하에서 헤어진 이후에도 계속 이메일로 연락을 주고받았다.

신부님을 만난 것은 큰 행운이었다. 신부님은 언제나 나의 안전과 무사한 여행을 위해 기도해 주셨고 힘들 때면 용기를 북돋아 주셨기 때문이다. 신부님의 조언 덕택에 항상 긍정적인 마음으로 여행을 할 수 있었다.

도하에서 남아프리카공화국까지 가는 비행기에서는 남아공 프리토리아 출신인 리브와리 선생님을 만났다.

리브와리 선생님은 우리나라 고등학교에서 영어를 가르치고 계신 분이었다. 1년 만에 휴가를 내어 가족들을 보러 가는 길이라고 하셨다. 리브와리 선생님은 친절한 한국 사람들이 참 좋다며 함께 일하는 학교 직원들의 자랑을 하셨다. 그의 재치 넘치는 이야기에 나는 몇 번이나 크게 웃었다.

대화 도중 아파르트헤이트*에 대한 이야기가 나오자, 직접 그 시기를 겪은 리브와리 선생님은 너무 고통스러웠다며 얼굴을 찌푸렸다. 책을 통해 알고 있는 역사였지만 직접 그 시기를 겪은 현지인의 입을 빌려 듣게 되니 더 와 닿았다. 비록 내가 태어나기 이전의 일이지만 비슷한 역사적 경험을 가진 한국인으로서 간접적으로나마 그 고통을 알 것 같았다. 남아공에 가면 꼭 그 역사의 현장을 두 눈으로 보겠다고 다짐했다.

리브와리 선생님은 아이들에게 이 일에 대해 가르치고 싶지 않다고 말했다. 군이 그들에게 백인들에 대한 증오를 심어주기 싫다는 의도에서였다. 그러나 나의 생각은 조금 달랐다. 있는 그대로의 사실과 쓰여진 역사의 제대로 된 일면을 알아야만 똑같은 일이

---

* 아파르트헤이트(apartheid) : 94년 철폐된 남아프리카공화국의 극단적인 인종차별정책. 전 국민의 16%밖에 안 되는 백인이 흑인 등의 토착민을 차별한 정책이다. 흑인을 철저히 차별 대우해 온 남아프리카공화국은 세계적으로 비난을 받았고 결국 1994년 5월에 처음으로 실시된 자유 총선거에서 만델라가 최초의 흑인 대통령으로 뽑히면서 철폐되었다.

비전을 품은 가슴으로 벅차오르는 삶을 살아라

반복되지 않을 수 있기 때문이었다. 그것이 역사 교육이 갖는 중요성이 아닐까?

우리는 서로의 행운을 기원해주며 요하네스버그에서 헤어졌다.

나 혼자 웃고 있는 사진

첫 여행지 남아프리카공화국의 케이프타운. 하루는 케이프타운에서 찍은 사진들을 넷북으로 옮기기 위해 하나씩 다시 보다가 이상한 사진 하나를 발견했다. 싸우고 울고 달려드는 아이들 사이에서 나 혼자 카메라를 보고 방긋 웃고 있는 사진이었다. 사진 자체가 어찌나 부자연스럽고 어색하던지 사진 속 내 모습이 매우 불편해 보였다.

그날은 '타운십 투어'를 한 날이었다.

다들 굳이 타운십*을 가 볼 필요가 있겠냐고 했다. 케이프타운 근교의 와이너리, 물개섬, 희망봉 등 유명한 관광지는 이미 다 돌아본 상태였다. 특히, 남아공 하면 떠오르는 이런 관광지는 사실 유럽

---

* 타운십(township) : (과거 남아프리카공화국의) 흑인 거주구

방황은 아름답다

의 어느 관광지와 별 다를 게 없었다. 물론 그곳 풍경들은 모두 말로 형용하기 힘든 장관 중의 장관이었지만.

여행 오기 전, 역사관련 서적에서 읽었던 남아공의 아파르트헤이트. 남아공에 가면 반드시 그 역사를 눈으로 확인해보리라 다짐했었다. 역사는 과거에서 머무르는 것이 아니기에, 그것은 반드시 지금 우리가 살고 있는 어딘가에 살아 꿈틀거리고 있다. 남아공으로 오는 비행기에서 만났던 리브와리 선생님과도 이 이야기를 진지하게 나눴던 터라 나는 꼭 타운쉽을 내 눈으로 보고 싶었다.

그러나 모두들 그곳에 혼자 가는 것은 미친 짓이라고 했다. 동양인 하나가 그 안에서 없어져도 흔적조차 찾지 못할 거라며 겁을 주었다. 마치 사파리 '투어'를 하는 것처럼 지프차를 타고 그들이 사는 곳을 구경하듯 돌아보는 것이 정말 내키지 않았지만, 하는 수 없이 여럿이 동행하는 투어를 신청했다.

타운쉽 출신인 차량 운전자 겸 가이드는 여행객들에게 절대로 일행과 떨어져 다니지 말라고 신신당부를 했다. 스웨덴에서 온 여학생 두 명과 영국에서 온 중년부부 그리고 호스텔에서 알게 된 가영이와 동행하게 되었다.

6만 명 이상의 사람들이 강제이주구역으로 쫓겨나고 건물들이

비전을 품은 가슴으로 벅차오르는 삶을 살아라

철거된 district6을 시작으로 투어를 시작했다. 마치 영화〈디스트릭트9(district9)〉(2009)*에 나오는 판잣집이 일렬로 서 있는 것처럼 보였다. 알고 보니 영화〈district9〉는 이곳 타운십을 모티브로 한 것이란다. 1994년 최초의 민주선거를 통한 남아공 최초의 정부가 탄생하며 흑백분리정책은 사라졌으나 여전히 남아공 흑인의 60%, 그러니까 반이 넘는 인구가 타운십에서 생활한다고 한다.

흑인과 컬러드(흑백 혼혈)는 거주구역이 따로 떨어져 있었는데 딱 보기에도 흑인 거주구역이 훨씬 열악해 보였다. 100% 흑인과 컬러드 간에도 차별이 존재했던 것이다. 지프차에서 내려 그나마 좀 나은 상태라는 공동주택 한 곳을 방문했다. 방 한 개에 한 가족이 몽땅 들어가 생활하고 있었다. 좁은 집에서 10명이 넘는 가족들이 모두 함께 생활하다 보니 어른들의 성 생활과 욕, 폭력에 아이들이 그대로 노출되어 있었다. 이런 환경에서 아이들이 성폭력과 강도 등 각종 범죄를 쉽게 배우게 되는 것도 문제지만 더 큰 문제는 그것을 이상할 것 없이 받아들이고 있는 여기 사람들이었다.

---

* 〈디스트릭트9(district9)〉(2009) : 닐블롬캠프 감독의 SF영화. 남아공 상공에 불시착한 외계인들은 요하네스버그 인근 지역 외계인 수용구역 '디스트릭트9'에 임시 수용된 채 28년동안 인간의 통제를 받게 된다는 줄거리.

방황은 아름답다

타운십의 한 학교에서 만난 아이들. 이곳 실정과 상관없이 아이들의 눈은 너무 맑고 예뻤다. 카메라가 신기한지 가까이 다가와 만져보고 좋아한다.

이곳 아이들에게는 교육이 가장 절실히 필요했다.

우리는 타운십의 한 학교를 방문하여 아이들을 만났다. 몰려든 아이들은 동양인인 내가 신기한지 얼굴과 머리를 쓰다듬으며 재미있어했다. 이곳 실정과는 아무 상관없이 아이들의 눈은 초롱초롱 빛이 났다. 안아주고 비행기도 태우며 한참 재밌게 놀아주었다. 그때, 가이드가 곧 학교를 떠나 다음 장소로 이동해야 한다고 말했다.

그러고 보니 사진을 한 장도 안 찍었다. 타운십의 한 학교에 와서 이곳 아이들과 즐거운 시간을 보낸 것을 사진으로 남겨야 하는데! 떠나기 전에 빨리 한 장의 인증샷이라도 남기기 위해 카메라를

비전을 품은 가슴으로 벅차오르는 삶을 살아라

집어 들었다.

갑자기 정신이 하나도 없었다. 내 카메라를 만져보겠다고 하는 아이들, 내가 떠날 기미를 보이자 안기려는 아이들이 서로 싸우고 있었다. 몇몇은 싸우고 몇몇은 울고 몇몇은 안아달라고 나에게 손을 내밀고 있었다. 그 와중에 나는 나대로 마음이 급하여 아이들에게서 카메라를 뺏어 선생님께 내밀었다.

어수선한 아이들을 비집고 간신히 찰칵!

학교를 떠나 지프차를 타고 타운쉽 시장으로 들어섰을 때, 연신 셔터를 눌러대는 한 여행객 때문에 매우 불쾌했다. 냉장고가 아닌 책상 위에 생고기를 쌓아 두고 파는 모습과 생동감 넘치는 시장의 풍경을 카메라에 담고 싶은 것은 이해하겠으나 현지 사람들을 마치 사파리 안의 동물처럼 취급하고 있는 것 같아 내가 다 기분이 나빴다. 고기를 파는 청년도 그 여행객을 보며 화를 내고 삿대질을 했지만 그는 아랑곳하지 않고 계속 셔터를 눌러댔다.

'아휴, 저렇게까지 사진을 찍고 싶을까?'

낮에 찍은 내 사진을 보고, 나는 그 여행객에게 가졌던 것과 비슷한 불쾌함을 느끼고 있었다. 그날 낮의 내가 다른 사람이었던 것처럼 낯설게 느껴졌다.

'이렇게까지 사진을 찍었어야 했나.'

방황은 아름답다

이렇게 나 자신을 부끄럽게 만드는 인증샷을 찍자고 무거워도 끙끙거리며 카메라를 들고 온 것이 아니었다. 그리고 나는 사진을 찍어 남기기 위해 여행을 떠나온 것도 아니었다.

뜨거운 아이스크림

48도의 나미비아.

사막이 끝없이 펼쳐진 이곳에선 해를 피해 도망갈 곳이 없었다. 중간 중간에 서 있는 나무들마저 그 건조하고 뜨거운 날씨에 적응해 잎은 없고 가시뿐이었다. 남아공과 나미비아 국경에서 입국을 위해 차에서 내려 걷는 잠깐 동안 살이 바짝바짝 익는 것처럼 느껴졌다. 차가운 물을 연거푸 마시고 얼음을 집어 삼켰지만 뭔가 부족했다.

그때 떠오른 것은 바로 아이스크림! 입안에서 사르르 녹아 없어지는 달콤한 그것! 단 것을 별로 좋아하지 않아서 1년에 아이스크림을 두세 번 먹을까 말까 하는 나였지만 희한하게 그 순간 아이스크림 생각이 간절했다.

시내에 들어서자마자 나는 슈퍼마켓으로 달려갔다. 가장 싼 아이스크림이 1500원 정도였다. 모든 아이스크림이 다국적 기업 생산품이거나 수입품이기 때문이었다. 나는 이왕 먹는 거 가장 비싸고 맛있어 보이는 것을 먹기로 했다.

슈퍼마켓 앞 도보에서 초콜릿과 아몬드로 뒤덮인 3000원짜리 아이스크림을 베어 물고 진한 초콜릿의 맛에 감동하고 있을 때였다. 내 앞으로 대여섯 살쯤 되어 보이는 꼬마가 할아버지의 손을 잡고 지나가고 있었다. 꼬마는 나를 뚫어지게 쳐다보고 있었다. 나는 이 지역에서 보기 쉽지 않은 동양인이 신기해서 쳐다보는가 보다 하고 해맑게 웃으며 손을 흔들어 주었다. 꼬마도 손을 흔들어 인사해 줄 거라는 내 예상과 달리 꼬마는 같은 자리에 서서 무표정으로 나를 계속 빤히 쳐다보기만 했다.

그때, 내가 먹던 아이스크림이 녹아 초콜릿이 땅에 떨어졌다. 꼬마의 눈은 떨어지는 초콜렛을 쫓아 땅을 향했다. 할아버지의 손에 이끌려 멀어질 때까지 꼬마는 땅에 떨어진 초콜릿과 나만 번갈아 쳐다보았다.

순간 모든 것이 일시 정지된 듯 느껴졌다.

'뭐지?'

꼬마는 아이스크림이 먹고 싶었던 거였다. 꼬마는 할아버지 손을 잡고 멀어졌지만 아이스크림을 뚫어져라 바라보던 아이의 눈망울은 내 머릿속에서 사라지지 않았다.

그제서야 거리에서 구걸하는 사람들의 모습이 눈에 들어왔다. 나는 멍한 채로 그곳에 서서 더 이상 달콤하지 않은 아이스크림을 남김없이 먹어치웠다.

누군가가 다가와 내게 손을 내밀며 동전을 달라고 했다. 거절하는 것이 힘들고 미안했다. 예의바르게 거절했지만 그는 떠나지 않고 계속 나를 따라와 결국 나는 눈을 부라리며 그를 쫓아내야 했다. 마음이 좋지 않았지만 내가 그에게 직접적으로 돈을 주어서는 안 된다고 생각했다.

그 후로 나는 몇 달간 그런 손을 몇 번이나 마주하며 점점 처음의 복잡한 감정은 무시할 수 있게 되었다. 감정 없이 기계적으로 손사래를 치며 내게 내민 손들을 밀어냈다. 외국인을 보면 습관적으로 내미는 그들의 손에도 그것을 거절하는 내 손에도 익숙해져 나는 더 이상 멍해지지도 복잡해지지도 않았지만 그때 아이스크림을 바라보던 꼬마의 눈망울은 여행 내내 떨쳐지지 않았다.

아프리카 여행의 마지막 목적지 에티오피아에서, 나는 이 꼬마의 눈망울을 다시 떠올리게 되었다. 나는 수도 아디스아바바에 도착하고 며칠 후 최고급 호텔에 갔었다. 아이스크림을 먹기 위해서였다. 얼음은커녕 차가운 물도 찾기 힘들었던 에티오피아 남부에서 3주를 지낸 나의 머릿속은 또다시 아이스크림 생각으로 가득 차 있었다. 그러나 시내에서도 아이스크림을 파는 슈퍼마켓은 찾지 못했다. 가는 음식점마다 물어보았지만 아이스크림이 없었다. 그러다 어떤 음식점의 종업원이 ○○호텔에 가면 살 수 있을 것이라고 말해주었다.

붐비는 시내, 구두닦이 소년들 앞에서 택시를 잡아타고 호텔로 향했다. 호텔의 문 앞에서는 경비원이 검문을 하고 있었다. 차창으로 우리가 외국인인 것을 확인한 경비원은 택시를 통과시켜줬다.

휘황찬란한 화장실에서 오래만에 보는 부드러운 휴지에 흠뻑 감동하다가 야외 수영장 앞의 아이스크림 판매대로 뛰어갔다. 수영장 파라솔 밑에 앉아 한 스쿱에 27비르(한화로 약 2300원) 하는 아이스크림을 4스쿱이나 먹었다. 물놀이를 하는 사람들을 보고 있자니 천국이 따로 없어 보였다. 그런데 기분이 이상했다. 그토록 원하던 아이스크림을 입에 넣고 있는데 이상하게 가슴이 계속 답답했다. 그런데 나만 그런 것이 아니었다. 애리도 길호 오빠도 무거운 얼굴로 말이 없었다.

호텔 바로 맞은 편은 빈민촌이었다. 넓은 길을 건너 몇 발자국을 내딛었을까. 아들이 몰려들어 '1비르(한화로 약 90원)'를 외치면서 우리에게 손을 내밀었다. 우리는 다시 손사래를 쳤다. 손을 내저으

방황은 아름답다

면서 먹먹하고 답답해지는 마음에 괴로웠다. 그리고 그때, 나미비아의 한 거리에서 마주했던 그 꼬마의 눈망울이 떠오른 것이다.

저 아이들, 평생에 아이스크림을 한 번은 먹어볼 수 있을까? 가슴을 타고 머리까지 저릿했다.

건너편으로 보이는 호텔 정문은 한없이 크고 높기만 했다.

흥정은 웃으면서

짐바브웨의 빅토리아 폭포 근처에는 큰 기념품 시장이 있다.

사람들은 다른 나라보다 싸다며 짐바브웨에서 기념품을 살 것을 추천했다. 이곳에서는 물물교환도 가능했다. 나는 담요 한 개를 현지인들이 입는 치마 두 개로 바꿨다. 티셔츠도 잔뜩 들고 가 봤지만 원색을 좋아하는 현지인들에게 내 무채색 티셔츠는 인기가 없었다. 가장 인기 있는 것은 단연 운동화였다. 운동화가 현지 물가 수준에 비해 너무 비쌌기 때문에 너도나도 다가와 자신과 거래를 하자고 물어왔다. 미리 알았다면 한국에서 안 신는 운동화를 여러 켤레 가져왔을 텐데…….

목각 동물상을 몇 개 사고 싶었는데 이를 위해서는 며칠간 치열한

비전을 품은 가슴으로 벅차오르는 삶을 살아라

흥정이 필요했다. 첫날 빅토리아 폭포를 둘러본 것을 제외하고 그곳에서 남은 3일 동안 한 일은 시장에 가서 흥정한 것뿐이었다. 그렇지만 꼭 목각 동물상을 사려는 목적 때문이라기보다는 떠들썩한 시장의 분위기가 좋아서이기도 했다. 나는 처음부터 말도 안 되게 싼 가격을 부르고 상대도 말도 안 되게 비싼 가격을 불렀다. 흥정은 대체로 이렇게 시작되었다.

"티셔츠 한 장에 기린 두 개!"

"무슨 소리야! 15달러에 티셔츠 한 장 더해서 기린 하나!"

"너무 비싸잖아요! 깎아줘요!"

이렇게 하다 보면 가격이 조금씩 내려갔다. 흥정을 계속하다 보니 차츰 노하우가 생겼다. 처음부터 물물교환할 물건을 얹어서 시작하는 것보다 현금 가격을 흥정하다가 중간에 물건을 끼워 넣는 것이 가격을 깎는 데 더 유리했다. 담배도 사가서 흥정에 보탰다.

"담배 한 개피 아니, 두 개피 드릴 테니까 잔돈 깎아줘요. 헤헤."

그러면 상인들은 허허허 웃으며 잔돈을 깎아줬다.

시장 바깥에서도 길을 걷고 있으면 사람들이 접근해 물건을 팔려 했다. 시장 안에서 파는 목각상과 같은 건데도 가격이 현저하게 쌌다. 관심 없는 척하면서 가격을 깎으면 팔뚝만 한 기린 목각이 두 개에 2달러까지도 내려갔다. 한번은 시장 안에서 흥정을 하면서 바깥 이야기를 꺼냈다.

"내 친구는 밖에서 기린 두 개를 2달러에 샀다는데 여긴 너무 비싸요!"

"바깥에서 파는 걔네들? 걔네들 다 우리 물건 훔쳐가서 파는 거야. 우린 직접 목각을 한다고. 걔네는 남의 물건 훔쳐서 파니까 그렇게 싼 가격에 파는 거지!"

그러면서 그들은 나에게 왜 이렇게 기를 쓰고 물건 값을 깎느냐고 물었다.

"넌 돈 많잖아. 집에 있는 내 아이들은 굶고 있어. 난 가족을 부양해야 해. 우리 좀 도와줘. 애들 학교도 보내야 한다고."

"난 배낭 여행을 하는 학생이라 돈이 많지 않아요."

그렇게 대답은 했지만 사실은 내 마음도 계속 불편해오던 참이었다. 물가가 비싼 남아공에서는 만 원도 쉽게 쓰다가 인플레이션이 심해 경제난을 겪고 있는 이 짐바브웨에 와서는 오백 원, 천 원 깎자고 이렇게 실랑이하고 있는 내 모습이 우스웠다. 그렇지만 나는 경비를 최대한 아껴야 하는 배낭 여행자인데 부르는 가격대로 순순히 다 내고 살 순 없었다.

'이 사람들은 당장 먹고 입을 것이 걱정이고 난 이렇게 여행을 하고 있으니 이들보다 돈이 많은 게 맞긴 한데… 이들도 물건을

팔고 정당한 대가를 요구하는 건데 너무 악착같이 깎으려고 드는
것도 좋지 않겠다.'

배낭여행을 하다 보면 돈을 아끼려는 생각에 흥정을 악착같이
하다가 기분이 상하게 되는 경우가 많다. 나와 상대방 모두가 웃으
면서 흥정할 수 있는 선까지만 깎는 것이 적당한 흥정이 아닐까?

옷 입고 물놀이하는 소녀들

탄자니아의 동쪽에 위치한 잔지바르.

잔지바르는 10세기부터 페르시아와의 교역이 성행하면서 무슬
림들이 정착하기 시작했으며 현재 이 섬의 인구 99%가 이슬람교
를 믿는다. 코란의 가르침 때문에 탄자니아 본토에 비해 치안상으
로 매우 안전하다고 한다.

이곳은 1964년 탄자니아 령으로 본토와 통합되었지만 독립성
을 유지하고 있기 때문에 잔지바르에 도착하면 탄자니아 비자를
받은 것과는 별도로 입국심사를 다시 받아야 했다.

아프리카와 이슬람 문화의 혼합으로 본토와는 완전히 다른 독
특한 분위기였다. 아름다운 바다 빛깔 때문에 아프리카의 몰디브

잔지바르에서. 남학생들이 물놀이 하는 것을 구경하는 여학생들. 이슬람 전통 옷으로 온 몸을 다 가리고 히잡까지 쓰고 있어 매우 더워보였다.

라고 불리기도 하는 이 섬은 휴양을 즐기러 오는 이들이 많이 찾는다고 했다.

내가 잔지바르에 갔을 때는 아주 습했다. 잠비아에서 탄자니아까지 기차를 타고 오며 3일 동안 씻지 못한 터라 불쾌지수가 최고조에 이른 상태였다. 마침 잔지바르의 에너지 회사가 본토로부터 전기를 끌어오는 케이블을 수리하지 못하고 있어 3개월 동안 전기가 끊긴 상태였고 거기에 물까지 부족한 상태였다. 에어컨이 있다는 호스텔을 찾아갔지만 전기 공급이 안 됐기 때문에 당분간 에어컨을 사용할 수 없다고 했다. 자가 발전기가 있어서 선풍기는 돌릴 수 있지만 지금은 방이 꽉 찼다고 했다. 다행히 택시 기사의 소개로 괜찮은 호스텔을 찾을 수 있었다. 짐을 풀고 샤워부터 했는데 어찌나 덥고 습한지 샤워를 하고 옷을 입는 순간 다시 땀이 났다. 샤워는 해도 옷과 몸은 여전히 축축한 상황. 자가 발전기는 하루 종일 가동시킬 수 없기 때문에 아침과 밤 시간에만 선풍기를 돌린다고 했다. 물도 아무 때나 쓸 수 있는 것이 아니었다. 아침 중 세 시간, 저녁 중 세 시간만 씻을 수 있었다. 잔지바르에 있는 호스텔 대부분이 이런 상황이었기 때문에 그 상황을 받아들일 수밖에 없었다. 첫날은 밤에 선풍기를 사용할 수 있어 그런대로 참을 수 있었지만 두 번째 날은 자가발전기가 고장 나 그나마 들어오던 전기가 12시부터 끊겼다. 가만히 앉아 있어도 땀이 줄줄 흐르니 미칠 지경이었다. 물이 나오는 시간이 아니라 샤워도 할 수 없었다. 방안이 너무 더워서 테라스로 나오면 모기떼가 달려들어 순식간에 열 곳을 물어뜯었다. 뜬 눈으로 밤을 보내고 아침이 밝자마자 잔지바르의 유명한 해변 능귀비치(Nungwi beach)로 향했다.

"이런 바다는 처음이야!"

코발트빛 바다에 탄성이 나왔다. 바다 빛깔만 보고 있어도 그동안의 모든 고생이 다 씻겨 내려가는 듯했다. 다음 날에는 배를 타고 나가 스노클링을 하며 즐거운 시간을 보냈다. 바닷물에 들어가

더위를 잊을 수 있으니 더없이 행복했다.

배를 타고 돌아오는데 내 눈길을 끄는 장면이 있었다. 한쪽 해변에 소년 소녀들이 바글바글 몰려 있었다. 학교를 마치고 집으로 가는 길에 해변에 온 아이들이었다. 소년들은 경쟁하듯 웃통을 벗고 바다에 뛰어들어 물놀이를 즐기는데 모래사장에서는 소녀들이 웅성웅성 구경만 하고 있었다. 이슬람 전통 옷으로 온몸을 다 가리고 히잡까지 쓰고 있어 매우 더워 보였다.

나는 그 상황이 의아해서 현지인에게 물었다.

"이곳에서 여자는 물놀이를 못 하나요?"

"아니요. 그렇진 않아요."

"그런데 저 소녀들은 왜 저렇게 보고만 있죠?"

"물놀이를 하려면 옷을 벗어야 편하죠. 그런데 몸을 드러내면 안 되니까요."

"그럼 여기 여자들은 바다에 들어가고 싶으면 어떻게 하죠?"

"그냥 옷을 입고 들어가요. 그런데 말리기가 번거로우니까 잘 안 들어가죠."

다시 보니 한 명의 소녀가 그 치렁치렁한 긴 옷을 입은 채로 물속에 들어가 있는 게 보였다. 아니, 이렇게 아름다운 바다를 바로 앞에 두고 살면서 물놀이도 마음껏 못 한단 말이야? 첨벙거리는 소년들을 바라보는 수십 명의 소녀들의 눈에 부러움이 가득했다.

이슬람교의 경전인 코란은 히잡 착용을 의무화하고 있으며 히잡을 착용할 때는 온몸을 가려야 한다고 쓰여있다. 히잡의 착용은 여성의 권리와 자유를 억압하기보다는 여성을 보호의 대상으로 보는 시각에서 기인하였다고 한다. 오늘날에는 이슬람 여성들의 정체성을 상징하기도 한다. 그러한 이유로 일부 국가에서는 여성이 자발적으로 히잡을 착용하기도 하며 현대 이슬람 여성의 사회적 활동을 보장하는 기능을 하기도 한다.

물론 히잡의 이런 현대적 의미와 순기능은 부정할 순 없겠지만 가만히 있어도 땀이 줄줄 흐르는 이 더운 날씨에, 마냥 바다에 뛰어들어 물놀이를 하고 싶은 소녀들에게 거추장스러운 히잡과 온몸을 다 가리는 옷이 대체 무슨 의미를 가질까.

5$로 얻은 에티오피아 행 여권

탄자니아에서 만난 한국인 동생 애리와 에티오피아에 함께 가기로 했다. 애리는 이스라엘에서 키부츠* 활동을 마치고 아프리카 대륙을 여행하는 스물셋의 당찬 여학생이었다. 남아공부터 탄자니아까지 계속 혼자 올라왔다는 애리가 대견했다. 새까만 서로의 얼굴에 동질감을 느낀 우리는 금세 친해졌다.

나이로비에 도착한 다음날, 비자를 받기 위해 에티오피아 대사관을 찾았다. 나이로버리라는 별명을 가진 나이로비는 치안이 안 좋기로 유명했기 때문에 처음에 너무 긴장을 해서 골격이 큰 케냐 사람들이 마냥 무서워 보였다. 하지만 어디에서나 그렇듯, 일반 시민들은 친절하고 착했다. 하루는 에티오피아 대사관에 가기 위해 현지인에게 길을 묻다가 그와 이야기를 하게 되었다.

"여행자인가요? 케냐에 대해서 어떻게 생각해요?"

처음엔 대뜸 이 나라에 대해 어떻게 생각하느냐고 묻는 질문에 당황했지만 아프리카에서는 종종 이런 질문을 받는 편이었다. 사람들은 외국인들이 자기 나라를 어떻게 생각하는지 관심이 많은 것 같았다.

"글쎄요. 다른 지역은 가보지 않았고 나이로비에 처음 온 건데요. 생각했던 것보다 훨씬 큰 도시네요. 굉장히 번화했어요. 도시 사람들은 경제적으로 여유가 있어 보이는데요. 위험하다는 말을

---

[*] 키부츠 자원봉사 프로그램(Kibbutz Volunteer Program) : 전 세계에서 유일하게 이스라엘에만 있는 독특한 공동체인 키부츠에서 진행되는 워킹홀리데이 성격의 자원봉사다. 현재 세계 46개국의 젊은이들이 참가하고 있으며 참가자들은 키부츠에서 하루 6~8시간 근로봉사를 하고 그 대신 숙식과 약간의 용돈을 제공받는다.

비전을 품은 가슴으로 벅차오르는 삶을 살아라

많이 들었는데 사람들이 굉장히 친절하고요."

"맞아요. 케냐 사람들은 친절해요. 그런데 치안이 안 좋은 건 맞으니까 조심해요. 여기는 빈부격차가 굉장히 심해요. 이곳 고위공직자들과 공무원은 완전히 썩었어요. 자기 배 채우기에 바쁘죠. 뇌물이 없으면 사업도 장사도 할 수 없어요. 공무원부터 범죄를 저지르는데 굶지 않기 위해서 범죄를 저지르는 사람이 있다고 해도 과언이 아니죠. 실업률도 상당하고요. 뭐. 어쨌든 조심하세요."

그는 처음 만나는 외국인에게 하소연을 할 정도로 현지 상황에 대해 매우 회의적이었다. 빈부격차가 심하다는 그의 말대로 시내 곳곳에는 더러운 옷을 입고 길 위에 드러누워 있는 사람들이 보였다. 찢어진 슬리퍼를 신고 쫓아와 돈을 구걸하는 어린 아이들도 많았다.

일단 에티오피아 대사관에 찾아간 우리는 비자를 신청해 놓고 앞으로의 여행을 위한 정보를 수집했다. 국경 모얄레(moyale)까지 가는 버스가 있다는 정보를 입수하고 그곳으로 버스표를 사러 갔다. 그런데 그곳 사람들은 이제 우기가 시작되기 때문에 국경까지 가는 버스가 2~3주 전에 없어졌다며 화물트럭을 타고 가라고 했다. 그러면서 트럭 요금을 말해주었는데 예상했던 버스비보다 비싸 고민이 되었다. 하지만 인터넷, 정보북 등 어디에서도 버스정보는 찾을 수 없었기 때문에 할 수 없이 화물트럭을 타고 국경까지 가기로 했다.

대망의 월요일. 대사관에서 여권을 찾아 국경으로 가는 트럭을 타러 가기로 했다. 에티오피아 대사관에는 오전 11시가 좀 넘어서 도착했다. 그런데 난관에 봉착했다. 대사관에서 문을 열어주지 않는 것이었다.

"뭐죠? 왜 문을 안 열어주는 건가요?"

"오늘 장관이 대사관을 방문했기 때문에 업무가 일찍 끝나요."

"저번 주에는 오늘 이 시간에 오면 여권을 받을 수 있다고 했는데요?"

"그건 내가 알 바 아니고 아무튼 오늘은 일찍 문 닫아요."

"뭐예요? 그럼 미리 공지를 했어야지! 3일 전에는 4시까지 된다고 했잖아요. 여기까지 40분이나 걸려서 걸어왔다고요. 우린 오늘 여권을 받아서 바로 에티오피아로 떠날 거예요. 오늘 출발하는 화물트럭을 타기로 했단 말이에요. 벌써 돈도 다 지불했어요."

"장관이 갑자기 와서 어쩔 수 없어요."

원래 업무 시간은 오전 9시부터 12시. 여권을 찾는 것은 오후 4시까지 된다고 했었다. 그런데 오늘은 오전 11시에 마친다니 무슨 이런 경우가 다 있단 말인가. 대사관에 가는 오르막길에서 고급 외제차가 몇 대 지나가긴 했었는데 그게 그 장관의 차였나

보다. 아무리 대사관의 업무가 양국관계를 증진시키는 거라고 하지만 공지도 없이 너무했다.

"그럼 우리 여권만 찾아다 줘요."

"안 돼요. 우린 업무가 끝났다니까?"

"그건 할 수 있잖아. 비자 신청한다는 것도 아니고, 인터뷰하는 것도 아니잖아. 비자 다 받은 여권 찾기만 하는 건데… 10초도 안 걸리잖아요."

"안 돼요."

불쌍한 표정으로 몇 번을 조르다가 화를 내다가 다시 조르다가 따져도 보았지만 아무것도 통하지 않았다.

우기라서 국경까지 얼마나 걸릴지도 불확실한데 오늘은 반드시 나이로비를 떠나야만 했다. 게다가 아침에 화물트럭 알선자에게 돈도 다 지불한 터였다. 차비는 2000실링에 짐 값까지 250실링. 총 2250실링으로 30달러에 달하는 금액이었다. 3만 원 조금 넘는 이 돈은 케냐에서 3~4일 동안 지낼 수 있는 돈이기에 우리에게는 결코 적은 돈이 아니었다.

어떻게 해야 할까. 그 순간, 불현듯 며칠 전 만난 현지인의 말이 떠올랐다.

그 앞에서 30분을 서성이다가 경비원에게 다가가 나는 아무말

없이 그에게 $5를 건넸다.

설마 싶었는데 꿈쩍도 않던 경비원이 일순간 태도가 바뀌어 '음, 한번 말은 해 볼게'라고 말하더니 총총히 대사관 안으로 사라졌다. 5분도 안 돼서 그는 우리의 여권을 들고 나왔다.

분명 대사관에서 월요일에 여권을 찾으러 오라고 했고 나는 여권을 찾을 정당한 권리가 있었는데 왜 뒷돈을 주어가며, 사정을 해가며 이렇게까지 해야 하는지 도무지 이해가 가지 않았다.

케냐의 가장 큰 문제는 부정부패와 치안이다. 부정부패와 폭력범죄는 빈곤을 부추기고 보호받지 못하는 빈곤은 또 다시 범죄의 싹이 된다. 그리고 이 범죄는 다시 빈곤한 자들을 위협한다. 유기적으로 서로의 성장 발판이 되는 부정부패, 폭력범죄 그리고 빈곤.

2004년 내가 영국에 있을 때, 같은 반에 있던 그루지야 남학생이 떠올랐다. 그루지야는 구소련이 붕괴되면서 떨어져 나온 후 2000년대 초반까지 사회 전반에 부패가 만연했던 나라이다. 영국에서 대학을 가기 위해 시험 준비 중이던 그는 그루지야 고위공직자의 아들이었다. 그는 대학에서 정치나 경제를 공부할 것이라고 했다. 어느 날 수업시간에 사회보장제도에 대한 주제로 이야기를 하게 되었다. 각국의 학생들은 각자 자기 나라의 사회보장제도에 대해 설명했다.

비전을 품은 가슴으로 벅차오르는 삶을 살아라

그의 차례가 되었다.

"내 나라에는 그런 거 없어요."

선생님은 그루지야가 독립 후 여러 가지 문제를 겪고 있어서 그런 것일 거라고 말한 후 그에게 물었다.

"그럼 빈곤한 사람들은 어떻게 하니?"

"그냥 죽죠."

순간 교실은 조용해졌다. 빈곤한 사람들은 그냥 죽는다는 그의 대답보다 모두를 놀라게 한 것은 그의 태도였다. 티 없는 얼굴로, 그것이 당연하다는 식으로 거리낌 없이 말하는 그의 태도에 일순간 모두 할 말을 잃었다.

'너 같은 바보가 나중에 엘리트랍시고 돌아가서 정치한다고 나대니까 너희 나라가 지금 그런 상황인 거다. 정치, 경제 공부하기 전에 법과 인권을 존중하는 법부터 배워라.'

그에게 쏘아붙여 주고 싶었다.

개발도상국에서 사회집권층의 부정부패는 빈곤의 주요 원인이 된다. 이곳에서 부정부패는 집권층에서 시작되어 사회구조를 타고 내려와 사회 전반에 뿌리내리게 된다. 그렇게 빈곤은 더욱 심화되는 것이다. 혁명을 통해 몇 번이나 바뀐 지도자들이 부정부패를 저지르는 경우도 많다. 가지면 더 가지고 싶은 것이 인간이라지만 바꾸겠다는 마음으로 시작했던 사람도 그 자리에 앉으면 내 것만 챙기고 싶은 걸까?

어쨌든 이제 우리는 무사히 에티오피아로 출발할 수 있게 되었다. 당시에는 $60을 잃게 될까 봐 어떻게든 여권을 찾아야겠다는 생각뿐이었지만 그렇게 여권을 찾아 나서면서 여간 찝찝한 게 아니었다. 돈을 먼저 건넨 것은 나였으니 나 또한 이곳 부정부패에 나도 일조한 게 아닐까.

오! 알라여

오후 5시쯤, 주차장으로 자리를 옮겨 트럭을 기다렸다. 우리와 트럭을 같이 타게 될 사람들, 주변에 있던 현지인들과 이야기를 나눌 수 있는 시간이 생겼다. 여행을 다니며 경험해보니 역시 무슬림들에게는 종교가 최대 관심사였다. 이슬람 시장 한가운데, 다시 말해 사람들의 삶의 터전 정중앙에 사원이 있는 것만 보아도 알 수 있듯 이 이슬람 문화권에서는 종교와 삶을 하나로 여기고 있었다. 대부분의 무슬림들은 첫 만남에 인사처럼 상대방의 종교를 물어왔다. 이번에도 마찬가지였다.

비전을 품은 가슴으로 벅차오르는 삶을 살아라

"너희 종교는 뭐니?"

"없는데요."

"없어? 왜 종교가 없어?"

"우리나라에서는 종교가 선택의 문제예요. 어떤 종교를 선택할 것인지뿐만 아니라 종교를 가질지 가지지 않을지도 선택할 수 있어요."

"그래, 그럴 수 있지. 그건 이해해."

많은 사람들이 무슬림은 이슬람교 외의 종교에 배타적이고 공격적일 것이라고 생각하고 있지만 사실은 그렇지 않다. 나는 여행 전에 이슬람교에 대해 잘 몰랐던 터라 무슬림은 기독교를 싫어할 것이라는 편견을 가지고 있었다. 그러나 이슬람교에 대한 책을 읽고 실제로 많은 무슬림들과의 만남을 통해 전혀 그렇지 않다는 것을 알게 되었다.

나는 언제, 어떻게 이런 엉뚱한 편견을 가지게 된 걸까? 분명 극단적인 정보에만 기초해 내 머릿속에서 왜곡된 이미지를 만들어 냈기 때문일 것이다. 내가 가진 편견이 깨지는 순간을 마주할 때면 나는 매번, 정보의 수용과 내 의견의 정립은 가장 신중하게 이루어야 할 평생의 과제라는 것을 깨닫게 되었다.

어쨌든 다른 종교에 대해서는 너그러운 무슬림이었지만 신의 존재를 부정하는 것까지는 받아들이질 못하는 모양이었다. 나는 "신이 존재한다는 것은 믿지만 특정 종교를 믿지 않아요"라고 말했고 애리는 "나는 신의 존재 자체를 믿지 않아요"라고 말했다.

나의 대답은 이해할 수 있다는 반응이었으나 애리의 말을 듣고 다들 눈이 휘둥그레졌다. 기가 막힌다는 반응이었다. 이 정도의 강한 반응이 나올 줄 전혀 예상을 못 했기 때문에 애리와 나는 마주 보고 놀란 눈빛을 주고받았다. 아마 우리가 놀란 만큼 그들도 놀랐다고 보면 그 상황을 이해하기 쉬울 것이다.

"어떻게 신의 존재를 믿지 않을 수 있지? 신은 만물을 창조했다고. 너는 누가 만들었지?"

"나의 부모님이요."

"너의 부모님은?"

"부모님의 부모님이요."

"그 위를 쭉 거슬러 올라봐. 누가 있어?"

"나의 선조들이 있죠."

"그 끝에는 뭐가 있냐고?"

"오스트랄로피테쿠스?"

"오, 알라여!"

오스트랄로피테쿠스라는 애리의 말에 나는 웃음이 터져 나왔지

비전을 품은 가슴으로 벅차오르는 삶을 살아라

만 맞은편에서는 여기저기 알라신을 찾는 탄식이 흘러나왔다. 우주만물을 아우르는 전지전능한 신의 존재를 믿지 않는다는 것은 그들에게는 절대로 받아들일 수 없는 사실이었던 것이다.

하얀 너랑은 찍기 싫어

주차장에는 차이를 파는 여자들이 있었다. 나보다 조금 어린 이 소녀들은 이슬람식 옷을 입고 헤잡을 쓰고 차이를 팔았다. 단 돈 80원에 우리나라 커피전문점의 차이라떼보다 훨씬 맛있는 차이를 마실 수 있었다. 너무 맛있어서 애리와 나는 3잔이나 마셨다.

차이를 파는 여자들이 예뻐 보여서 그녀들에게 다가가 사진을 찍어도 되겠냐고 물었다. 그녀들은 수줍어하면서도 흔쾌히 허락했다. 나는 그녀들의 옆에 서서 카메라를 우리 방향으로 돌렸다.

"잠깐! 같이 찍자구요?"

"네."

"안 돼요. 당신은 하얗잖아요. 같이 찍으면 내가 더 까맣게 보일 텐데……."

"피부가 까만 게 얼마나 매력적인데요. 너무 예뻐요."

3박 4일 여정의 마지막 날 새벽. 4일동안 세수 한 번 하지 못했지만 그동안 친구가 된 우리는 기념
사진을 찍었다. 그런데 그 역시 사진을 보자마자 'I'm so black.'하며 고개를 돌렸다.

"호호. 한번 같이 찍어요. 그럼."

사진을 찍어서 보여주니 자기들은 너무 까맣다고 난리다.

여행을 다니면서 마치 한국에서 친구들과 셀프카메라를 찍고 꽥꽥거리며 놀던 것처럼 현지인들과도 함께 재미있는 표정으로 셀프카메라를 많이 찍었다. 그런데 아프리카에서는 사람들이 항상 비슷한 반응을 보였다.

케냐에서 에티오피아로 가는 화물트럭을 타고 3박 4일을 함께 여행한 파투와 함께 기념사진을 찍었는데 그는 찍은 사진을 보고는 '난 너무 까매'라며 고개를 숙였었다. 에티오피아에서도 함께

비전을 품은 가슴으로 벅차오르는 삶을 살아라

트럭을 타고 가던 여인이 너무 아름다워서 함께 사진을 찍자고 했더니 그녀 역시 반색을 표했었다.

"당신은 너무 하얗고 난 너무 까맣잖아요! 비교될 텐데……."

"왜 그렇게 생각해요. 까만 게 뭐가 어때서요. 본래 가지고 태어난 거잖아요. 예뻐요. 당신은 참 매력적이에요."

사진을 찍고 나니 비교가 된다며 부끄러워했다.

그녀만큼이나 나도 놀라 '으악' 하고 소리를 질렀다. 곧 소멸할 듯한 그녀의 작은 얼굴에 비해 내 얼굴이 너무 컸기 때문이다.

"그렇게 따지면 나도 똑같아요. 이 사진 좀 봐요. 당신은 매끈한 피부를 가졌지만 난 그렇지 못하잖아요. 당신의 쭉쭉 뻗은 몸을 봐요. 난 짜리몽땅한데. 나도 부러워요 당신이. 피부색이 뭐라고! 그런 생각하지 말아요. 당신은 그 자체로 정말 아름다워요."

아프리카에서 만난 흑인들은 피부색에 대해 자격지심을 가지고 있었다. 마치 우리나라에서 주변 사람들보다 조금 뚱뚱하고 예쁘지 않은 여자가 괜시리 주눅 들어 있는 것처럼 그들은 자신의 피부색이 희지 않은 것이 무슨 결점이나 흉이라도 되는 것처럼 행동했다.

대체 무엇이 이들에게 이런 생각을 갖게 한 것일까?

국경에서 맛본 행복의 눈물

드디어 저녁 8시, 총 10대의 화물트럭이 케냐와 에티오피아의 국경 마을 모얄레를 향해 출발했다. 나와 애리는 일찍 화물트럭을 예약한 덕에 차 안에 앉아서 가게 되었다. 차 안에 앉아 가는 동행으로는 케냐 여인인 파투와 할리만다가 있었다. 기사는 오위노라는 이름을 가진 케냐 남성으로 모얄레가 집이라고 했다.

격일로 나와 애리, 파투 그리고 할리만다가 자리를 바꿔 앉기로 했기 때문에 첫날은 애리와 내가 운전석 뒤의 공간에 앉고 다음날은 운전석 옆 좌석에 앉았다. 운전석 뒤의 공간에서 잘 때는 서로 몸을 겹치긴 했지만 그래도 누울 수 있었기 때문에 나름대로 편했다. 며칠 동안 차 안에서만 앉아 있는 것이 불편했지만 그래도 우리는 나은 편이었다. 화물트럭 꼭대기에 앉아 가는 사람들도 있었기 때문이다. 이들은 비가 내려도 그대로 다 맞아야 했기 때문에 훨씬 힘들었을 것이다. 대부분의 현지인들이 그렇게 화물트럭 짐칸에 앉아 나이로비와 국경 사이를 오가는 듯했다.

우기의 시작으로 연이어 비가 내려 나이로비부터 모얄레까지의 길은 엉망진창이었다. 포장이 하나도 되어 있지 않아 트럭들은 진흙탕에 빠지기 일쑤였다. 트럭 한 대가 빠지면 다른 트럭들도 모두

비전을 품은 가슴으로 벅차오르는 삶을 살아라

모두가 힘을 합쳐 진흙탕에 빠진 차를 밀고 있다. 앞에서는 끌고 뒤에서는 밀고, 옆에 있는 차는 완전히 쓰러지기도 했다. 빠진 트럭은 12시간 만에 진흙탕을 벗어날 수 있었다.

기다리며 도와주어야 했기 때문에 국경까지는 꽤 오랜 시간이 걸렸다.

어두운 밤에 트럭이 진흙탕에 빠지면 진퇴양난이었다. 아무것도 보이질 않으니 지지대 역할을 할 돌을 찾지 못해 별 도리 없이 해가 밝을 때까지 기다렸다. 그 와중에 반대편에서 오던 트럭은 아예 진흙탕에 고꾸라져서 싣고 가던 술병을 다 쏟기도 했다. 열대의 화물트럭을 타고 우리와 같은 길을 가던 일부 청년들은 이 기회를 틈타 쏟아진 술로 술판을 벌였다. 우리 트럭기사 오위노는 사람들이 술에 취해서 위험한 상황이 벌어질 수 있으니 여자인 우리들에게

방황은 아름답다

차에서 내리지 말라고 단단히 주의를 주고는 고장 난 창문을 끝까지 올려주었다. 그날은 애리와 내가 앞좌석에서 잤는데 누울 수도 없고 창문도 열 수 없었다. 잠이 들었다가도 너무 더워 자꾸 깼다. 잠들었다 깨었다를 반복하다 결국 두 시간밖에 자지 못했다.

날이 밝자마자 사람들은 분주하게 움직였다. 진흙탕에 빠진 트럭을 빼내기 위해 여자들은 지지대 역할을 할 커다란 돌을 찾고 남자들은 다른 트럭에 빠진 트럭을 밧줄로 연결해 끌어내는 작업을 했다. 수십 명의 사람들이 빠진 트럭 뒤로 가서 트럭을 밀었다. 빠진 트럭은 12시간 만에 진흙탕을 벗어날 수 있었다. 이러한 상황이 계속 반복되다 보니 원래 나이로비에서 국경까지는 27시간이 걸린다고 했지만 실제론 3박 4일이 걸려 도착할 수 있었다.

중간에 마을이 나타날 때까지는 아무것도 먹을 수 없었기 때문에 트럭이 빠져서 지체되면 그냥 굶어야 했다. 하루는 24시간을 굶었다. 굶은 지 20시간 정도 되었을 때쯤, 기사 오위노가 식빵 반쪽을 가져와서 애리와 나에게 주었다. 식빵 반쪽을 다시 반으로 나누어 애리와 나눠 먹었다. 빵을 한 입 물고 씹으려는데 나머지 한 손에 들고 있던 나머지 조각이 트럭 바닥에 떨어졌다. 놀라서 입이 떡 벌어지려는데 그나마 입 속에 있는 빵마저 떨어질까 봐 입을 얼른 닫고 바닥에 떨어진 빵을 잽싸게 주웠다. 고민할 틈도 없었다. 후후 불어 입 속에 넣었다. 내가 여태껏 먹었던 식빵 중에 가장 맛있었다.

3박 4일 동안 샤워는커녕 세수와 양치질도 하지 못했다. 중간에 들른 케냐의 어느 마을에서 부족사람들에게 그들이 이를 닦을 때 쓰는 나무줄기를 얻어 이를 문지른 정도였다. 열흘째 머리를 못 감아 두피가 간지럽고 냄새가 났다. 탄자니아에서도 나이로비에서도 물 부족으로 빨래를 못 했기 때문에 하얀색이었던 티셔츠는 누래진 지 오래였다.

4일째, 케냐와 에티오피아 사이의 국경에 다다른 4일째에는 이미 몸도 마음이 완전히 지쳐 있었다. 에티오피아에 도착하면 당장 씻을 수 있을 줄 알았지만 에티오피아 남부도 물 사정이 좋지 않아 숙소에 부탁을 하고 물이 나오기를 한참 동안 기다려야 했다. 그렇게 하면 40분 동안은 물을 쓸 수 있었다. 30분을 기다리니 물이 나오기 시작했다.

먼저 욕실에 들어간 애리가 기쁨의 환호성을 질렀다.

"아악! 너무 좋아 언니! 시원해. 시원해. 와아!"

"물이 잘 나와?"

"아니, 잘 나오진 않는데 그래도 너무 좋아."

"그래! 물을 쓰는 게 어디야!"

방황은 아름답다

나는 레게로 꼬았던 머리를 풀기 위해 고무줄을 하나하나 빼고 있는 중이었는데 애리의 환호에 신이 나 고무줄을 빼는 속도가 절로 빨라졌다. 이걸 다 풀어야 머리를 감는데 왜 이렇게 풀리질 않는지! 나도 어서 저 기쁨을 느끼고 싶은데!

샤워를 마치고 나온 애리는 형언할 수 없는 환희에 젖어 얼굴에서 빛이 나고 있었다.

"시원해?"

"시원해!"

"좋아? 얼마나 좋아?"

"너무 좋아. 너무 좋아서 눈물 날 것 같아!"

"빨리 내 머리 풀어! 얼른!"

애리도 옆에 앉아 내 머리를 풀기 시작했다. 나는 급한 마음에 인정사정 볼 것 없이 고무줄을 잡아당겼다. 마침내 마지막 고무줄을 빼내고 욕실로 뛰어드는 내 등 뒤로 애리가 소리쳤다.

"언니! 언니 머리카락이 절반은 뽑혔어!"

고무줄과 함께 처참히 뽑힌 내 머리카락들을 뒤로 하고 나는 욕실로 뛰어 들어갔다.

졸졸 떨어지는 물을 손에 받아 얼굴에 대 보았다.

"물이다! 물!"

나도 모르게 눈물이 줄줄 흐르기 시작했다. 얼굴에 찌들었던 먼지와 함께 그동안의 피로도 씻겨 나가는 것 같았다. 새롭게 태어나는 기분이었다.

"감사합니다. 감사합니다."

머리를 수도꼭지 밑에 대고 물을 맞으며 소리를 질렀다.

"아, 정말 너무 좋다. 너무 좋다."

바로 그 순간, 내 두 손에 고인 그 물이 나를 세상에서 가장 행복한 사람으로 만들고 있었다. 아무것도 부럽지 않았다. 씻을 수 있다는 것이 이토록 행복한 일이었다니. 물이 이렇게 소중한 것이었다니. 그동안 너무 당연하게 써왔던 물이 이렇게 나를 울게 할 줄 누가 알았을까?

여행을 떠나와 나는 울고 있었다. 너무나 행복해서. 진짜 행복하다는 것이 무엇인지 알았다는 사실에 너무나 감사했다.

케냐 소녀의 사기

국경을 넘으면 바로 에티오피아로 들어갈 줄 알고 케냐에서 실링(케냐화폐)을 다 써버렸기 때문에 도중에 식당이 있는 마을에 들러도 음식을 먹을 수 없었다.

우리가 첫 번째 들른 식당에서 밥을 사먹지 못하자 같은 트럭을 탔던 할리만다가 우선 자기가 돈을 내줄 테니 가는 길에 있는 마르샤빗이라는 마을의 현금인출기에서 돈을 뽑아 갚으라고 했다. 애리와 나는 고마워하며 아무 의심 없이 할리만다의 호의를 받아들였다. 할리만다는 우리에게 밥 한 끼와 차 한 잔을 사 주었고 우리는 그것을 나누어 먹었다. 마르사빗에 도착할 때가 되자 할리만다는 자기가 받아야 할 돈이 얼마인지 말했는데 그것은 정말 말도 안 되는 가격이었다.

"2100실링(한화로 약 30000원 정도)이야."

"뭐? 할리만다 지금 장난해? 나이로비에서 같은 것을 먹었을 땐 180실링이던데?"

그러자 할리만다는 케냐 북부는 식재료와 물을 구하기가 힘들어서 물가가 엄청 비싸다고 천역덕스럽게 둘러댔다. 3일 동안 차를 타고 오면서 본 길에 널린 소와 염소들을 어쩌고? 이들이 길을 막는 바람에 차를 멈추고 기다리느라 오는 길이 더 늦어졌는데 지금 그 말을 믿으라고? 물론 케냐 북부가 식량난에 시달린다는 이야기는 들었지만 물가가 비싼 수도보다 밥값이 10배나 비싸다는 건 말이 안 됐다. 그리고 사실 나는 할리만다가 잽싸게 가져가버린

할리만다가 2100실링이라고 거짓말 한 문제의 그 식사. 이걸 둘이 나눠 먹었는데 3만원이나 달라고? 애리와 나는 기가 막혀 할 말을 잃었다.

계산서에 210실링이라고 적혀 있던 것을 분명히 보았다.

"그건 주인이 잘못 쓴 거야. 끝에 0이 하나 더 붙는다고."

애리와 나는 기가 막혀 할 말을 잃었다. 어린 소녀가 얼굴 표정 하나 변하지 않고 거짓말을 하는 꼴이 더 나를 화나게 했다. 일단 마르사빗에 도착해서 다시 이야기를 하기로 하고 마르사빗에 도착해 현금인출기에 가서 돈을 찾았다. 차에서 내려 함께 식당에 갔던 동행들에게 그때 지불했던 밥값이 얼마인지 물어보았더니 우리가 외국인이라서 그런지 다들 기억이 안 난다며 대답을 피했다. 다행히 우리 트럭 짐칸에 탔던 젊은이 하나가 우리 편을 들고 나섰다.

방황은 아름답다

"저 여자애가 거짓말하는 거야. 2100실링이라니 말도 안 돼."

계속 거짓말을 하는 할리만다 때문에 애리는 결국 화가 폭발했다.

"너 지금 우리를 바보로 아니? 어린 게 어디서 못된 것만 배워가지고. 이 거짓말쟁이야."

"거짓말쟁이라고? 이게 어디서 나를 거짓말쟁이로 몰아?"

할리만다는 남자친구라며 덩치 큰 남자까지 옆에 대동해 있었다. 거짓말쟁이라는 말이 그녀를 크게 자극한 모양이었다.

어느새 사람들이 우리를 빙 둘러싸고 있었다. 현지인들이 보고 있는 앞에서 거짓말쟁이라는 말을 들은 할리만다는 더욱더 정색하며 화를 냈다. 자기가 우세하다는 것을 느꼈는지 목소리를 더 높이 내며 분위기를 점점 더 험악하게 몰아갔다.

"너희 여기가 어딘 줄 알고 이러는 거야? 여긴 너희 나라가 아니라고. 험한 꼴 당하고 싶나 보지? 여기서 너희 편 들어줄 사람 아무도 없어."

정말로 우리 편을 드는 이는 아무도 없었다. 나는 외쳤다.

"뭐야. 다들 밥값이 얼마였는지 알잖아. 2100실링은 말도 안 된다는 걸 알잖아. 다들 할리만다가 거짓말하고 있다는 사실을 알면서 왜 모른 척하는 거지?"

우리가 굶을 때 빵을 가져다주었던 오위노도 3일 동안 꽤 많은 이야기를 나누었던 파투도 우리를 외면하고 있었다. 아까 우리 편을 들었던 청년도 싸움이 시작되자 슬그머니 뒤로 빠졌다.

"저 여자가 지금 뭐라는 거야?"

"너 죽고 싶냐? 지옥에나 가라!"

먼 타국에서, 나를 상대로 사기를 치고 있는 이 어린 소녀에게 나는 그저 속이기 쉬운 어리숙한 외국인일 뿐이었다. 경찰도 보이지 않고 아무도 우리 편을 들어주지 않는 상황에서 우리는 철저하게 약자였고 부당함에 항의하는 내 목소리는 아무런 힘이 없었다. 서러웠다.

그 와중에 할리만다와 애리는 서로 소리를 지르며 욕을 하고 있었고 이대로 가다가는 곧 심각한 몸싸움으로 번질 것 같았다.

"그만! 그만! 둘 다 그만해. 서로 떨어지라고!"

애리와 할리만다를 떨어뜨려놓고 흥분한 애리를 진정시켰다.

"욕한다고 달라질 게 없어. 서로의 감정을 자극해서 상황이 더 나빠질 뿐이야. 참아."

그러고는 할리만다에게 가서 말했다.

"그래. 네가 거짓말하지 않았다는 거 믿어. 넌 거짓말쟁이가 아니야. 그런데 내 생각에는 밥값이 2100실링이나 될 순 없어. 그건 너무 많은 돈이야. 그래서 난 너에게 210실링밖에 못 주겠어. 210실링만 받아."

할리만다가 거짓말을 하지 않았다는 것과 밥값이 210실링이라는 것은 분명히 앞뒤가 맞지 않는다. 그러나 할리만다는 많은 마을 사람들 앞에서 거짓말쟁이가 되는 것이 부끄러워 더욱 억지를 부리는 것 같았다. 내 추측이 맞았는지 할리만다는 자신은 거짓말쟁이가 아니라는 것을 다시 한 번 강조하며 순순히 210실링을 받아 들고 사라졌다. 마르사빗에 할리만다를 내려놓고 트럭은 다시 모얄레를 향해 출발했다.

애리는 할리만다와 싸우고 감정이 많이 상한 듯했다.

"애리야, 우리는 앞으로 얼마나 이런 상황을, 아니 더 심한 경우를 겪을지도 몰라. 화가 많이 나겠지만 일단 참아보자. 언성을 높이거나 욕을 하지 않아도 잘 해결할 수 있는 경우가 있다면 그렇게 하도록 노력해보자. 저 어린 게 우리한테 사기 치려는 생각을 했다는 것에 나도 화가 나고 욕도 나왔어. 그렇지만 처음부터 싸움을 하지 않고 잘 얼렀다면 저 애에게서 욕이나 지옥에 가란 말 듣지 않고 잘 해결할 수도 있지 않았을까? 앞으로는 먼저 한 박자 참아보자."

사실 여행을 하다 보면 예기치 못한 상황을 정말 많이 맞닥뜨리게 된다. 때로는 나의 지식과 상식이 아무 쓸모 없는 경우도 있다.

이런 식으로 사기를 당한 것은 애교였다. 이유없이 덩치 큰 남성에게 맞을 뻔한 적도 있었고, 자신에게 물건을 사지 않았다는 이유로 상인에게 상스러운 욕을 얻어먹기도 하고 불량한 무리에게 이유 없이 조롱을 받은 적도 있었다. 가슴이 벌렁거리고 화가 치밀었다. 그러나 그럴 때일수록 감정을 절제하고 해결방안을 찾으려고 노력했다. 때로는 내가 해결할 수 없는 상황도 있었지만 그런 경험들은 나를 더욱 단단하게 만들었다. 또 그것들은 언젠가 유사한 상황에 처한 누군가를 이해하는 데 도움이 될지도 모르는 소중한 경험으로 가슴에 남았다.

방황은 아름답다

일부가 전부?

에티오피아의 남부 오모밸리 지역은 하마르족, 무륵시족, 반나족 등 여전히 전통의 모습으로 살아가는 부족들이 사는 것으로 유명하다. 나는 이 부족들이 사는 모습을 실제로 보기 위해 에티오피아에 간 것이기 때문에 에티오피아 남부에 3주 동안 머물기로 했다.

이 지역의 중심이 되는 마을에서는 일주일에 한두 번씩 장이 섰다. 장날이면 산골 여기저기에 살고 있는 각 부족들이 마을로 모이기 때문에 장날에 맞춰 각 마을을 돌아다녔다. 부족들을 보기 위해 내가 갔던 곳들은 콘소(금요장), 투르미(월요장), 디메카(화요장), 케이아파르(목요장), 진카(토요장), 도르제(월요장) 등이었다.

에티오피아의 장거리 교통수단은 보통 이른 아침에 출발하기 때문에 장거리 이동 시에는 항상 새벽 4시 반에서 7시 사이에 숙소를 나섰다. 대중 교통수단으로는 승합차와 미니버스가 있는데 이것은 마치 과테말라의 유명한 치킨버스와 유사했다. 대중 교통수단이 없는 구간도 있어서 그럴 때는 화물트럭 주인과 흥정하여 트럭을 타고 이동했다.

첫 마을 콘소에서 머무르다가 투르미에 가기로 한 날, 우리는 아침 7시에 호스텔 문을 나섰다. 흥정할 트럭을 찾다가 보이지 않아서 마을 소년들에게 물어보니 8시에 투르미로 가는 버스가 있다고 해서 기다렸다. 8시가 되어도 버스는 오지 않아 다시 사람들에게 물어보고 있는데 동네 청년들이 다가와 케이아파르까지 가는 버스가 있다며 우선 그곳에 가서 투르미까지는 다른 차를 타고 가는 게 나을 것이라고 했다. 더 기다려봤지만 투르미까지 가는 차는 찾을 수 없어서 결국 청년들의 말대로 하기로 했다. 버스비는 100비르(약 9000원)라고 했다. 너무 비쌌다. 그러나 전날에도 가격 흥정을 하다가 차를 놓쳐 이동하지 못할 뻔했던 일이 있었기 때문에 그날은 조심스럽게 10비르만 깎아 90비르에 가기로 했다.

버스를 타고 한 시간 반쯤 달려 어느 중간 마을에 도착했고 그곳에서 경찰의 검문이 있었다. 경찰은 버스를 들여다보더니 딱지를 끊으려고 했다. 사람들의 목소리가 커졌고 싸우는 분위기가 되었다. 옆자리에 앉은 아저씨께 물어보았더니 원래 정해진 인원보다 더 많은 사람들이 버스에 탔기 때문에 그렇다고 했다. 운전사와 차장 청년은 한 번만 봐 달라고 빌고 경찰은 완강하게 그럴 수 없다고 했다. 주변 사람들도 난리였다. 한번 봐줘야 한다는 쪽, 그러면 안 된다는 쪽으로 나뉘어 서로 싸우고 있었다. 그러던 중 경찰이 나와 애리를 발견했고 우리에게 버스 영수증을 보여 달라고 했다. 우리가 90비르 짜리 영수증을 보여주었더니 경찰은 더욱 화가 나서 또 다른 딱지를 끊으려고 했다. 버스 안은 다시 시끄러워졌다.

"도대체 왜 이러는 거죠?"

"원래 콘소에서부터 케이아파르까지의 버스비는 42비르야. 이 놈들이 사기를 쳤다구. 운전기사랑 차장 청년은 자기들이 90비르를 다 받은 게 아니고 콘소 마을 청년들에게 커미션을 줬으니 자기들이 가격을 속인 게 아니라고 한 번만 봐 달라고 하고 있는 거야. 나쁜 놈들. 잘못했으니 벌금을 내야지."

"벌금이 얼만데요?"

"600비르 정도."

“엄청 많네요. 그런데 저 여자는 왜 우는 거예요?”

“외국인한테 가격 좀 속이는 게 뭐 어떠냐고 그랬다가 화난 사람들이 심하게 뭐라고 했더니 우는 거야.”

우리 때문에 버스 안이 한참 시끄러운데 정작 당사자인 우리는 말을 못 알아들어서 눈만 껌뻑거리며 가만히 앉아 있었다. 결국 경찰은 딱지를 두 장 다 끊었고 운전기사는 침울한 표정으로 다시 시동을 걸었다.

어쩐지 버스비가 너무 비싸다 싶더라니 사기를 친 것이었다. 벌금이 600비르라니 현지 물가에 비해 너무 많다는 생각도 들었지만 한편으로는 고소했다. 원래 버스비가 42비르니까 48비르나 더 받아 챙긴 것인데 그것은 4200~4300원 정도밖에 안 되는 돈이었지만 그곳에서는 망고를 48개, 바나나를 144개나 살 수 있는 돈이다.

30분을 더 가다가 버스 타이어에 펑크가 났다. 도로포장이 안 되어 있기 때문에 에티오피아 남부에서 이렇게 타이어에 펑크가 나는 일은 흔하다. 타이어를 갈아 끼우는 동안 차에서 내려 마침 앞에 있던 과일 파는 아주머니에게 망고와 바나나를 샀다. 바나나는 3개, 망고나 아보카도는 1개에 우리 돈 100원 정도였다. 바나나를 많이 사서 함께 버스에 탔던 사람들과 나누어 먹었다. 운전기사에게도 하나 건네며 말을 걸었다.

"벌금 그렇게 많이 나와서 어떡해요. 콘소 그 놈들 참 나쁘네. 첨부터 걔네가 돈을 두 배로 받고 아저씨한테 돈 조금 더 준다고 꼬셨죠? 담부터는 그러지 마요."

"아우 씨. 그 놈들 아주 그냥 콘소 가면 혼내 줄 거야."

그러면서 고맙다며 바나나를 받아든다. 내가 바나나를 사는 사이에 내 옆 자리에 앉으셨던 아저씨는 망고를 잔뜩 사셨다. 그리고는 우리에게 다가와 망고를 건넨다.

"이거 먹어."

"아니, 아저씨! 이런 거 안 주셔도 되는데."

"어허, 그냥 받아. 이거 먹고 여행 잘해."

"아이고, 정말 감사합니다."

다시 버스에 앉아 가는 동안 케냐에서 국경까지 올 때의 일이 생각났다. 트럭을 타고 달린 지 이틀째 되던 날 우리는 어느 작은 마을에 들러 차를 마시고 화장실에도 갔다. 마을 아이들이 몰려나와 외국인인 우리를 둘러쌌다. 작은 꼬마들은 우리의 얼굴과 머리카락을 만지며 신기해하기도 하고 일부 소년들은 이소룡이나 성룡의 흉내를 내어서 우리를 웃게 하기도 했다. 그러던 중 반대편에서 오던 트럭이 우리 앞에 섰다. 그 트럭에는 에티오피아를 거쳐 남쪽

으로 가는 브라질 출신의 여행자도 한 명 타고 있었다. 그는 트럭
에서 내리자마자 우리에게 다가와 그동안 여행하며 고생한 이야
기를 하기 시작했다.

"아, 여행자들을 정말 만나고 싶었어요. 혹시 에티오피아로 가
는 겁니까?"

"네, 그런데요. 에티오피아에서 오는 길이에요? 에티오피아는 어
떤가요?"

"진짜 거지 같은 곳이에요. 난 지금 에티오피아를 벗어났다는 사
실이 정말 기뻐요."

"아니 왜요?"

그는 그동안 여행하면서 현지 사람들에게 많이 치였던 모양이
다. 에티오피아 남부에서는 어느 부족 사람에게 막대기로 맞기도
했단다. 그는 말끝마다 욕을 하면서 아프리카 사람들이 이 모양이
니 이렇게 못사는 거라며 분을 토해냈다.

"이것 봐요. 이 애들도 지금 돈 달라고 모인 거야. 어딜 가나 구걸
만 하고 있으니 참. 아프리카 사람들 아무도 믿지 마요. 여행자들
주머니 털려고 환장한 것들이라고!"

그 자리에도 영어를 할 줄 아는 소년들이 있었는데 그가 그런 식
으로 말을 하니 내가 다 무안했다. 그가 속사포처럼 욕을 쏟아내고

떠난 후 한 아저씨가 다가왔다.

"저 사람 너무 흥분한 것 같네요. 아마 그동안 안 좋은 경험을 많이 했나 봐요. 그런데 저 사람 말처럼 모든 아프리카 사람들이 그런 것은 아니에요. 저는 마을 사람들의 더 나은 삶을 위해서 정당한 방법으로 노력하고 있고 저와 같은 젊은이들이 많이 있습니다. 여행자들에게 돈을 뜯어내려는 생각은 하지 않아요. 모두를 안 좋게 보지는 말아요."

경제적으로 빈곤한 지역을 여행하다 보면 사기를 당하는 등 사람들에게 치여서 짜증이나 화가 많이 나기도 한다. 나 역시도 거의 매일 사람들과 싸움을 했고 심하게 짜증을 낸 적도 많다. 그러나 좋은 사람들을 만나서 함께 웃기도 하고 도움을 받기도 했다. 내가 겪은 일부만으로 전체를 판단하는 것은 결코 옳은 일이 아니었다. 오늘 일만 해도 나는 같은 버스 한 대를 타면서 사기를 당했지만, 또 마음 따뜻한 현지인들도 만났다. 둘 중 하나의 일만 겪었다면? 아마 나는 편협하고 섣부른 판단으로 에티오피아를 왜곡해 받아들였을지도 모를 일이었다.

빵 한 조각으론 아무것도 달라지지 않아

케이아파르에서 투르미까지 가는 트럭을 하염없이 기다렸다. 오후 1시부터 트럭이 지나가기만을 기다렸는데 투르미까지 데려다 주는 대가로 너무 비싼 돈을 원해서 벌써 두 대를 보낸 터였다. 히치하이킹도 시도해 보았지만 잘 되지 않았다. 네 시간을 그렇게 보내니 이러다가 그날 투르미에 가지 못하겠다는 생각이 들어서 다음에 오는 트럭은 무조건 타기로 했다. 곧 트럭이 왔고 우리는 가격을 흥정했다. 처음에는 그쪽에서 200비르를 불렀지만 150비르로 깎았고 우리는 트럭 짐칸의 곡물더미 위에 앉아 가게 되었다.

트럭은 이 마을 저 마을을 들리며 사람들을 더 태웠고 정신을 차리고 보니 내 오른쪽에는 하마르족 여인들이, 왼쪽에는 닭과 염소들이 있었다. 해가 지자 또 다른 세상이 펼쳐졌다. 내가 달리는 땅을 제외한 온 사방천지가 별이었다. 까만 하늘에 총총히 박혀 쏟아질 듯 빛나고 있는 별들을 사방에 두고 희미한 염소젖 냄새와 흙 냄새에 취해 고개를 하늘을 향해 젖히니 이게 현실인지 꿈인지 분간이 안 되었다.

다음 날에는 투르미 곳곳을 둘러보았다. 마을 꼬마들의 안내를 받아 값싸고 맛있는 현지식당을 찾았다. 배고파하는 꼬마들이

케이아파르에서 트럭을 기다리며 앉아있는 동안 마을 아이들이 다가왔다. 에티오피아 남부에 살고 있는 여러 부족들에 대한 이야기를 듣는 중.

안쓰러워 밥을 시켜 함께 나눠 먹었다. 아이들과 함께 돌아다니다가 마을 소녀들을 만나 10비르(약 900원)을 주고 레게 머리를 했다. 길 한쪽에 의자를 가져다놓고 머리를 했는데 아이들이 몰려와 구경을 했다. 대부분의 아이들이 찢어진 옷을 입고 신발도 신지 않고 있었다. 아이들의 다리는 내 팔의 반도 안 될 정도로 말라 있었다. 한 아이의 손에는 생수 병이 들려 있었는데 그 안에는 생수가 아닌 회색빛의 불투명한 액체가 들어 있었다. 손을 씻는 물일 거라고 생각했다. 그런데 머리를 하면서 보니 아이들이 그것을 돌려 마시는 것이었다.

“그게 뭐니?”

“물이요.”

슈퍼에서는 1리터의 생수를 10비르(약 900원)에 팔고 있었지만 그 아이들은 깨끗한 물을 사 마실 수 없었다. 저녁에 밥을 먹는데 숙소 울타리 뒤에서 아이들이 내 이름을 불렀다.

“루시, 빵 하나만 주세요.”

애리와 나는 포크를 열심히 놀리던 손을 멈추고 말없이 고개를 들었다. 애리도 나와 같은 생각을 하고 있는 것이 분명했다.

“밥을 못 넘기겠어.”

빵을 가져다 아이들에게 주었다. 사실 여행자가 와서 아이들에게 돈이나 먹을 것을 주는 것은 그들을 돕는 일이 아니라는 걸 알고 있었다. 그런 도움을 받는 것에 익숙해져서 자신의 능력으로 돈을 벌 생각은 하지 않고 타인의 도움에 의지하여 살아가려는 태도를 가지게 되기 때문이다. 따라서 장기적으로 보았을 때 그런 도움은 개발도상지역의 발전에 해가 될 뿐이었다. 그 사실을 잘 알고 있었고 아이들에게 돈은 한 번도 준 적이 없었지만 그때는 밥을 먹는 내 옆에서 이름을 부르며 빵 한 조각을 달라는 아이들의 목소리를 결코 못 들은 척할 수 없었다. 빵 몇 조각으로 아이들의 지속적인 배고픔이 해결되지 않을 거라는 사실이 안타까울 뿐이었다.

방황은 아름답다

켈리를 만나다

두 번째 날은 투르미의 장날.

근처에 사는 하마르족과 반나족이 장을 찾기 때문에 부족들을 구경하기 위해 우리도 일찍 장에 나갔다. 조개껍질로 화려하게 장식한 가죽옷을 걸치고 다니는 반나족과 미니스커트를 입은 하마르족의 남자들이 우르르 몰려 있는 이색적인 풍경에 푹 빠져 장을 거닐었다. 남자들이 귀를 차고 있는 옷핀의 수가 아내의 수를 뜻한다는 누군가의 말에 남자들이 지나갈 때마다 옷핀의 수를 세보기도 하고 세 개에 백 원인 바나나를 사 먹기도 했다.

켈리를 만난 것은 내가 조개껍질이나 염소 뼈로 부족사람들이 직접 만든 목걸이, 팔찌를 사기 위해 흥정을 하고 있을 때였다. 딱 마음에 드는 팔찌가 있었는데 하마르족 아저씨가 처음부터 너무 비싼 가격을 부르면서 깎아주지 않아 나는 슬슬 열이 받고 있었다. 그때 내 뒤에서 누군가 소곤댔다.

"딴 데 가요. 저 사람은 외국인들한테 너무 비싸게 받으려고 해요."

"그렇지만 난 저 팔찌가 너무 맘에 든단 말이야."

"음, 그럼 일단 깎다가 가는 척을 해요. 그럼 깎아 줄지도 몰라. 정말 저게 그렇게 마음에 들어요?

“응.”

“안 깎아주면 내가 한 번 깎아 볼게요.”

가는 척을 했지만 아저씨는 조금밖에 깎아주지 않았다. 내 뒤에 서 있었던 소년은 나와 함께 가서 목걸이 값을 반으로 깎아주었다. 아저씨는 소년에게 삿대질을 하며 외국인 편이냐고 욕을 하는 것 같았지만 그는 아랑곳하지 않았다.

그는 수줍음을 잘 타고 말이 없는 열일곱 살의 하마르족 소년, 켈리였다. 켈리는 투르미에서 차로 한 시간 반 거리에 있는 마을인 디메카에 살고 있었다. 장에서 만나게 된 인연으로 우리는 시장 옆에 있는 식당에서 부족 전통의 곡주를 마시며 이야기를 나누었다. 의사가 되어 의료 서비스를 받지 못하는 사람들을 위해 일하는 것이 꿈이라는 켈리는 돈이 없어서 학교를 휴학하고 일자리를 찾고 있는 중이었다. 여자친구가 있냐는 물음에 여자한테는 관심이 없다고 뒷머리를 긁적이는 켈리의 순수함에 마음이 스르르 열렸다. 그동안 여행자인 우리에게 치근대거나 접근하는 사람들에게 지쳐 경계심과 의심이 극에 달해 있는 상태였지만, 이 소년의 접근은 우리의 그런 경계심을 한 방에 무너뜨렸다. 켈리에게는 순수하고 성실한 기운이 뿜어져 나왔기 때문이다. 우리는 다음 날 디메카로 갈 예정이었는데 켈리도 어차피 집에 가는 것이니 우리와 동행하기로 했다. 켈리의 슬리퍼는 발꿈치 부분이 다 닳아 없어져 있었는데 그런 슬리퍼를 신고도 켈리는 웃으며 뛰어다녔다.

디메카에 도착한 다음 날 오전에 만났다가 점심 식사를 하러 가려는데 켈리가 슬그머니 사라졌다. 같이 밥을 먹자는 말에 켈리는 자신은 집에 가서 먹을 거라고 했다. 그러고는 우리가 식사를 다 마칠 때쯤 돌아와서 자신도 밥을 먹고 왔다며 웃었다. 그러나 그것은 거짓말이었다. 함께 걷는 동안 켈리의 배에서는 꼬르륵거리는 소리가 여러 번이나 크게 났기 때문이다. 켈리는 배낭 여행자인 우리에게 부담이 될까 봐 거짓말을 한 것이었다. 콧등이 시큰해졌다.

에티오피아에 도착한 이후로 어딜 가나 꼬마들이 나에게 달려들어 손을 내밀고 따라붙었다. 세 살짜리 어린 아이가 처음 배우는 영어 문장이 'give me money'였으며, 현지에서는 파란지라고 불리는 외국인에게 사기를 치려고 항시 마을 어귀에 동네 청년들이 대기해 있었다. 또 언제나 원래 가격의 두 배 이상을 요구하는 숙소주인, 식당주인, 트럭기사들도 어딜 가나 있었다. 하루에도 몇 번씩 사기 치는 사람들과 싸움을 하고 욕을 하다가도, 가녀린 다리로 신발도 없이 돌아다니는 아이들, 더러운 물을 마시는 아이들, 담장 너머에서 빵 하나만 달라고 내 이름을 부르는 아이들을 보면 마음이 아파서 이곳의 가난이 사람들을 그렇게 만든

비전을 품은 가슴으로 벅차오르는 삶을 살아라

것이라고, 내가 마음을 넓게 가져야 한다고 다짐했다.

그러나 그렇게 다짐했다가도 내가 쓰는 돈이 어디로 흘러들어 가는 걸까 생각해보면 다시 화가 났다. 내가 지불한 돈은 삼일 전에 만났던 트럭 주인과 같이 있는 사람의 주머니만 계속 채울 뿐. 굶고 있는 아이들이나 켈리에게는 돌아가지 않았기 때문이다. 돈이 돈을 낳고 빈곤이 빈곤을 낳는 건 세상 어디에서나 똑같다는 사실에 씁쓸했다.

끝내주는 구더기 커피 한 잔

에티오피아 남부는 전기와 물 사정이 좋지 않다. 전기는 해가 지면 들어오고 밤 10시에서 12시 사이에 끊긴다. 전기가 들어오지 않으니 냉장고를 가동할 수 없어 차가운 물이나 음료를 마실 수 없는 것은 당연한 것이었다. 아침이면 방 앞에 500ml짜리 물병이 놓여 있었다. 세수와 양치를 하기 위한 물이다. 물 한 컵이 세수하는 데 절대 부족하지 않다는 것을 나는 이곳에 와서 알았다. 한국에서는 물을 콸콸 틀어 놓고 세수를 했던 나는 그렇게 적은 양의 물로 세수와 양치를 완벽하게 할 수 있다는 사실에 놀라움을 금치 못했다.

손톱 사이사이 낀 까만 때는 가실 날이 없었으며 준비해 온 물수 건도 바닥이 나서 화장실에 다녀온 후에도, 흙을 만진 후에도 물이 없어 손을 씻지 못하고 그대로 손으로 빵을 뜯어 먹었다. 샤워를 할 수 있는 날에는 손끝에 물을 대보며 감사하고 또 감사했다. 투르미에 도착했을 때 멋모르는 우리가 새 물을 받아 빨래를 하자 숙소 직원이 와서 화를 내며 한 번 사용했던 물을 가져다주었다. 어쨌든 3주나 밀린 빨래를 할 수 있으니 다행이었다.

에티오피아를 여행하며 애리와 내가 가장 많이 한 말은 '정말 좋다', '너무 행복하다'였다. 마시고, 먹고 씻는 매 순간마다 우리는 '좋다, 정말 좋다'라는 말을 연발했다. 마실 수 있다는 것이 먹을 수 있다는 것이, 씻을 수 있다는 것이, 그렇게 행복한 일이라는 것을 전에는 알지 못했다.

에티오피아에서 우리를 곤란에 빠트리는 동시에 행복을 맛보게 하는 것은 전기와 물 외에 한 가지가 더 있었다.

투르미에서는 다행히 샤워를 할 수 있었는데 먼저 샤워를 마친 애리가 난감한 웃음을 지으며 방으로 들어왔다.

"언니, 머리를 감자마자 머리 위로 바퀴벌레가 떨어졌어!"

바퀴벌레? 한국에서였다면 소리를 지르고 발을 동동 구르고 난리를 피웠겠지만 난 이제 바퀴벌레 정도는 가볍게 손가락으로 팅겨 날려 보내는 경지에 이르렀다 이 말씀.

디메카라는 마을에 갔을 때 마을에서 30분 정도 떨어진 곳에 위치한 하마르족 켈리의 친척집을 방문했다. 하마르족의 진짜 가정집이었다. TV에서만 보던 움막집과 가죽을 붙여 옷을 해 입은 사람들의 모습에 내가 정말 에티오피아에 와 있다는 사실을 실감했다.

움막에 들어가니 켈리의 친척 분이 커피를 한 잔씩 내주셨다. 이 부족들은 커피콩을 그대로 삶아 차처럼 커피를 마시는 모양이었다. 표주박에 커피를 담아 주셨는데 그 맛이 일품이었다. 어디서도 맛보지 못했던 고소한 커피의 맛. 웃으면서 커피를 마시는데 입안에서 뭔가가 느껴졌다.

"뭐지? 퉤퉤."

으악! 그것은 구더기였다. 애리도 입에서 뭔가를 뱉어냈다. 그것은 파리였다. 산이라서 벌레가 많았기 때문에 커피를 끓이다가 빠진 모양이었다. 커피 맛이 너무 좋았고 켈리의 친척 분들의 호의도 있었기 때문에 우리는 각자 구더기와 파리를 뱉어내고 표주박에 빠진 남은 커피를 후후 불며 끝까지 다 마셨다.

에티오피아 남부 대부분의 숙소에는 침대에 빈대가 있었다. 우리나라에서는 사라진 이 빈대라는 것이 얼마나 고약한지, 그것에 물리면 모기보다 5배는 더 가렵고, 흉터는 두 달을 갔다. 너무 간지러워서 나도 모르게 긁다 보면 피가 줄줄 흐르고 있었다. 긁어서 상처가 생긴 부위가 따가워서 내려다보면 파리가 붙어 피를 빨고 있었다.

아프리카에는 참 파리가 많다. 아프리카에 관한 TV 프로그램에서는 오랫동안 먹지 못해 눈이 퀭한 아이들이 부풀어 오른 배를 쥐고 힘없이 앉아 있는 모습을 자주 비춘다. 아이들의 얼굴과 몸에는 언제나 파리가 붙어 있다. 눈 밑에 코 위에 입술에 붙은 파리들과 사람들의 퀭한 눈이 어우러져 엄청난 절망감을 뿜어내고 있는 풍경. 나는 그 모습이 싫었다. 너무 처참했기 때문에 괜히 아무 의욕도 없어 보이는 사람들의 모습에 화가 났다. 왜 파리를 쫓지 않는 거야? 손 한 번 휘저으면 되잖아.

그러나 나 역시도 곧 파리 쫓기를 포기하게 되었다. 손을 한 번 아니 여러 번 휘저어도 파리는 끊임없이 나를 쫓아왔기 때문이었다. 나는 그제서야 파리를 쫓지 않는 사람들을 이해하게 되었다. 그리고 곧 몰랐던 사실도 하나 알게 되었다. 그들은 쫓지 않는 것이 아니라 쫓지 못하는 것이라는 것. 사람들은 파리를 쫓는 팔 동작 하나 할 힘도 없을 만큼 굶주려 있다는 것.

지독한 아프리카의 파리만큼이나 이 땅의 사람들에게 달라 붙어 있는 지독한 빈곤을 나는 느끼게 된 것이다.

하마르족의 성인식

디메카에서 머무르는 동안 하마르족의 성인식에 참석할 수 있었다. 'Bull-jumping ceremony'로 알려진 이 성인식은 스무 살이 된 하마르족 남자라면 누구나 거쳐야 하는 통과의례로, 무사히 통과해야 결혼도 할 수 있다. 하마르족뿐만 아니라 오모벨리의 부족들은 비슷한 성인식 풍습을 가지고 있다. 소 여덟 마리를 일렬로 세워놓고 그날의 주인공인 청년이 나체로 소들을 왕복 네 번을 뛰어넘어야 한다. 청년이 소를 뛰어넘다가 소에서 미끄러지면 친척 여인들이 나뭇가지로 청년을 막 때리고 청년은 다시 처음부터 뛰어야 한다.

의식을 벌이는 켈리 친구의 부족 마을에 가기 위해서는 디메카에서 한 시간 반 정도를 걸어야 했다. 켈리와 그의 친구들, 애리 그리고 나는 다함께 걸었다.

의식이 벌어지는 장소에 도착하자 부족 여자들이 춤을 추고 있는 것이 보였다. 오늘의 주인공인 청년의 성인식 성공을 기원하는 춤이었다. 춤을 추는 도중에 부족의 몇몇 성인 남자들이 나뭇가지를 엄청 꺾어 와서 여인들을 때렸다. 남자들이 온 힘을 다해 나뭇가지를 휘두르기 때문에 여인들의 등과 팔은 부풀어 오르고 몇몇은 피를 흘리기도 했다. 하지만 여인들의 표정은 아주 밝았다. 통통 뛰어와 남자들에게 매를 때려달라며 웃었다. 어떤 여인은 매를 때려주지 않는다고 부족 남자들에게 짜증을 내기도 했다.

이 여인들은 오늘 성인식을 치르게 될 소년의 여자 친척들이었다. 매를 많이 맞을수록, 세게 맞을수록 그 소년에 대한 사랑이 크다는 것을 의미한단다. 즉, 매를 맞는 것은 소년에 대한 사랑을 표현하는 것이었다. 여인들은 맞고 또 맞고 몸에 기름칠을 하고 또 맞았다.

참고로 오모밸리 부족은 몸의 상처에 특별한 의미를 갖고 있었다. 남성의 경우, 처음으로 적을 죽이거나 위험한 동물을 사냥하기 전까지는 스스로 몸에 상처를 낼 수 없지만 그 후 남는 상처는 전사로서의 용감성을 나타내기 때문에 상처가 많은 남자일수록 높은 평가를 받는다. 여성의 경우, 몸의 상처는 성적 매력을 나타낸다. 몸에 상처가 많은 여성은 배우자로도 인기가 많다고 한다. 때문에 이들은 수시로 몸에 상처를 내고 기름을 바르고 재를 뿌려 상처를 더욱더 부풀리고 흉터가 남도록 한다.

여자들 춤을 구경하고 있는데 갑자기 장총을 맨 남자가 우리 옆의 켈리에게 다가와 그의 따귀를 마구 때렸다. 너무 세게 때려서 우리는 정말 깜짝 놀랐다.

"켈리, 무슨 일이야?"

성인식의 성공을 기원하며 춤을 추는 하마르족 여인들. 이 여인들은 오늘 성인식을 하는 소년의
여자 친척들이다. 매를 세게, 많이 때릴수록 소년에 대한 사랑이 크다는 것을 의미한다.

"너희가 돈을 내지 않은 줄 알고. 그러니까, 내가 너희를 친구라
서 공짜로 데려온 줄 알고 화를 낸 거야."

사실 하마르족의 성인식은 이미 관광 상품화되어 있었다. 체계
적이지는 않지만 부족사람들도 여행자들로부터 많은 돈을 벌 수
있다는 사실을 알기 때문에 성인식을 보러오는 여행자들에게 돈
을 받는 것이었다. 우리도 켈리에게 돈을 내야 한다는 말을 듣고 부
족장을 찾아가 200비르(약 18000~19000원)을 지불했다. 다행인
것은 이들은 관광객에게 보여주기 위해 의식을 치르는 것이 아니
라 그들의 전통의식에 관광객이 덤으로 낀다는 것이었다. 그러나

켈리의 뺨을 마구 때리는 남자를 보자 씁쓸한 기분이 들었다.

여자들이 춤을 추는 곳에 가까이 가자 한 할머니가 다가와서 나에게도 춤을 권했다. 할머니와 함께 머리를 앞뒤로 흔들어대며 춤을 추면서도 방금 전에 따귀를 맞는 켈리를 본 터라 의심이 들었다.

'춤을 함께 추는 대가로 또 돈을 요구하는 게 아닐까?'

성인식 전에 사람들은 하마르 부족의 문양을 얼굴에 그려 넣고 있었다. 흰색과 붉은색의 돌을 갈아서 물에 개어 얼굴에 바르는 것이었다. 부족 사람들이 구경 온 우리에게도 얼굴에 그림을 그릴 것을 권했다. 사람들이 직접 내 얼굴에 그림을 그려주는 것은 재미난 경험이었지만 한편으로는 또 의심이 들었다.

'그림을 그려주고 또 돈을 요구하는 게 아닐까?'

성인식까지는 아직 시간이 좀 남아 있어 산 속을 돌아다녔다. 켈리는 어디에선가 양과 범의 가죽을 가지고와 누워서 쉬라며 깔아주었는데 나는 또 거기에 누우면 돈을 내야 하는 게 아닐까 하는 생각이 들었다.

계속 되는 의심. 심지어 켈리와의 우정까지 의심하게 만드는 상황. 이 것은 대체 누구의 잘못일까? 어디부터 잘못된 것일까?

'성인식'이라는 전통 행사를 돈을 받는 구경거리로 전락시키는 그들의 모습이 씁쓸했다. 디메카에는 휴대전화 기지국이 지어지고

비전을 품은 가슴으로 벅차오르는 삶을 살아라

에티오피아 디메카 하마르족 성인식에서. 돌을 갈아 얼굴에 부족 전통문양을 그렸다. 얼굴 색 다른
현지인과 함께 프레임 안에서 어색함 없이 웃고 있는 내 모습이 특별한 사진.

있었다. 앞으로는 부족 사람들이 핸드폰을 허리에 차고 성인식에 관
광객을 끌어 모으기 위해 일사분란하게 움직일지도 모를 일이었다.
그렇게 되면 성인식이 그야말로 '보여주기 위한 것'으로 변화해 갈
가능성이 있었고 산골에 존재하던 그나마의 현지인과 외지인과의
인간적 소통의 기회도 영영 사라지지 않을까 하는 걱정이 되었다.

사실 그런 나의 걱정은 모순이기도 했다. 직접 딴 과일이나 동
물의 가죽등을 시작에 내다파는 것이 그들의 주요 수입원이지만

방황은 아름답다

관광객이 점차 늘어가는 지금, 이제 관광은 부족의 소득에서 점점 더 큰 비중을 차지하게 될 것이었다. 볼거리가 있는 문화를 관광산업으로 육성하는 것은 정당한 일이었으며 지역 사회 발전에도 큰 힘이 될 것이었다. 그것이 이 마을에서 이루어지면 안 된다는 법은 없었다.

그렇다면 왜 거부감과 걱정이 앞섰을까. 줄곧 나를 향해 내미는 손과 '원 달러'에 지친 나는, 산골 마을에서 전통을 지키며 살아가는 부족사람들에게 순수하고 이색적인 아프리카에 대한 나의 환상을 채워줄 어떤 다른 것을 기대했던 것 같다. 그것은 그들의 입장과는 상관없는, 제3자인 여행자로서의 욕심일 뿐이었다.

물질이나 기술과 동떨어진 원시의 모습은 나에게 말할 수 없이 매력적이었지만 나와 동시대를 살고 있는 이곳의 사람들에게도 당연히 산업과 기술발전의 혜택을 누릴 권리가 있었다.

켈리가 따귀를 맞은 것에 너무 놀라서 그날 성인식이 치러지는 내내 의심과 걱정이 들었지만 에티오피아를 떠나고 나서야 이런 생각이 들었다. 하마르족 사람들이 얼마나 자존심이 강한데, 나의 걱정과 무관하게, 그들은 지금까지 그래왔던 대로 앞으로도 전통을 지키며 잘 살아갈 것이라고.

켈리의 꿈

디메카를 떠날 때가 되었다. 켈리와도 작별해야 했다. 4일간 거의 대부분의 시간을 함께 보냈기 때문에 정이 들어 헤어진다고 생각하니 매우 서운했다.

우리는 켈리에게 뭔가 해 줄 수 있는 게 없을까 생각했다. 애리와 나는 가방을 샅샅이 뒤져 켈리에게 도움이 될 만한 물건들을 모았다. 모기약, 곤충에게 물렸을 때 바르는 파스와 학용품 등을 모았지만 성에 차지 않았다. 결국 나는 비상금을 몽땅 털었다.

에티오피아 남부 작은 마을에는 현금인출기가 없었기 때문에 나는 비상금으로 미화 150달러를 아주 작게 접어 허리띠에 숨겨 다니고 있었다. 앞으로 현금인출기가 없는 곳을 더 여행해야 했기 때문에 현지돈은 줄 수가 없었고 그 비상금을 주기로 한 것이다. 미화 150달러는 에티오피아에서 2~3주 정도를 지낼 수 있는 액수였기 때문에 나에게도 큰 돈이었다. 앞에서 잠깐 언급했던 바와 같이 가난한 지역의 사람들에게 직접 현금을 건네는 일은 장기적으로 보면 그들에게 해가 될 수 있는 일이었다. 직접적인 도움은 그들을 더욱 의존적으로 만들기 때문이다. 하지만 내가 그동안 파악한 켈리의 인품으로 보아 그는 나의 뜻을 잘 알 것이라고 생각했다.

순수소년 켈리. 내 카메라를 몇번 들고가서 이것저것 찍고 다니더니 이렇게 카메라 포즈를 멋지게
취하는 법까지 터득했다.

켈리에게 줄 물품과 돈을 챙겨두고 우리는 편지를 썼다. 만나서 반가웠고 그동안 함께했던 시간들 정말 즐거웠다고.

언제든 도움이 필요하면 연락하라고 이메일과 한국에서 쓰는 핸드폰 번호도 적고 혹시 몰라 가지고 다니던 우리의 증명사진도 붙였다. 디메카는 전기 사정이 안 좋은 곳이었고 인터넷은 당연히 접해보지 못했을 켈리에게 이메일은 무리였기 때문이었다. 다만 언젠가 디메카의 사정이 좋아지거나 켈리가 인터넷을 사용할 수 있는 큰 도시에 가면 메일로 연락을 할 수 있을 것 같아 메일 주소를 적었다.

드디어 디메카에서의 마지막 날.

켈리도 우리와 헤어지는 것이 서운했던지 케이아파르까지 우리를 따라왔다. 우리는 트럭에 몸을 싣고 세 시간을 달려 케이아파르에 도착했고 마다하는 켈리를 설득해서 함께 저녁 식사를 했다. 그리고 켈리에게 편지와 물품들을 건넸다. 현금에 대해서는 조심스럽게 말을 꺼냈다.

"켈리, 너에게 도움이 되고 싶어서 이걸 주려고 해. 이건 배낭여행자인 나에게도 큰돈이야. 전에 내가 여행경비를 어떻게 모았는지 들었지? 나도 여행을 떠나기 전에는 학생이었고 이 돈은 낮에는 공부하고 밤에는 일을 하면서 모은 돈이야. 네가 이 돈을 잘 써주었으면 좋겠어. 너는 의사가 되어서 가난한 사람들을 치료하는 게 꿈이라고 했잖아. 그런데 학비가 없어서 고등학교 공부를 중단했다고 했지. 이 돈은 네가 다시 공부를 하는 데 썼으면 좋겠어. 쉽게 건네는 돈이 아닌 만큼 가치 있게 썼으면 좋겠어. 그리고 나는 네가 그럴 거라고 믿어. 네가 열심히 노력해서 훗날에 대학에 갈 수 있는 기회가 생겼는데 금전적으로 어려워 그럴 수 없다면 나에게 꼭 연락해주렴. 이메일 주소를 편지에 적어두었으니 거기로 메일을 보내줘."

켈리는 내 말을 이해한다며 몇 번이나 고맙다고 말하더니 잠깐만 기다리라 하고 어디론가 사라졌다. 떠날 시간이 다 되어 가는데 여전히 켈리는 나타나지 않았다. 우리는 혹시 켈리를 다시 만나지 못하고 가는 게 아닐까 싶어 발을 동동 구르고 있었다. 그런데 저 멀리서 우리의 이름을 부르며 손을 흔드는 켈리의 모습이 나타나기 시작했다.

"켈리! 어디 갔다 온 거야? 너 못 만나고 가는 줄 알았잖아."

켈리는 씩 웃으며 팔을 내밀어 보라고 했다. 그러더니 우리의 팔목에 은으로 된 팔찌를 하나씩 채워 주었다.

"선물이야. 나도 그동안 너무 좋았어. 무언가를 해주고 싶었어."

켈리는 우리 차가 안 보일 때까지 손을 흔들며 그 자리에 서 있었다. 우리의 눈에는 눈물이 고였다.

언젠가 우리 다시 만날 수 있겠지?

엽서 속의 넌 살아 숨 쉬고 있더라

진카에서 숙소를 옮겨야 했다. 우리가 이틀 묵었던 곳은 오모호텔이라는 곳이었는데 쥐가 두 번이나 우리 침대 위에 똥을 싸놓고 가서 그곳에서 더 이상은 머물고 싶지 않았다.

이 오모호텔에서 프레오라는 남자가 직원인 척하면서 방값을 받았다. 계속 오모호텔에 있고 방에도 자주 찾아와 친절하게 대해서 직원인 줄 알았는데 이 녀석은 호텔 직원이 아니라 마을 양아치였다. 첫날 머무르고 괜찮아서 둘째 날과 셋째 날치 방값을 한 번에 지불했는데 그게 화근이었다. 프레오는 마지막 날 방값을 호텔에 넘기지 않고 자신이 갖고 도망쳤다.

열 받아서 걸리면 따귀를 다섯 대 정도 때리고 이단 옆차기를 날릴 마음으로 사기 친 놈을 찾아서 씩씩거리며 동네 두 바퀴를 돌았다. 그러나 당연히 그는 이미 어딘가에 숨어 찾을 수 없었다.

프레오가 늘 포켓볼을 치던 술집에 가서 그와 같이 게임을 하던 마을 남자애들에게 우리 사정을 설명하고 프레오가 오기를 기다렸다. 당연히 그는 오지 않았다. 한 청년은 프레오의 집에 다녀오더니 집에도 없다고 했다. 망고를 100개 살 수 있는 돈의 큰 액수보다도 믿었던 프레오가 사기를 쳤다는 것에 배신감이 들었다. 그동안 사람들에게 치였던 것에 대한 분노가 터져 나왔다.

"이 자식! 잡히면 정말 가만 안 둘 거야. 이번이 처음이 아니야. 그동안 여행을 하면서 하루에도 몇 번씩 사기를 당했다고."

"그래. 그렇게 질 안 좋은 사람들이 있어. 네가 화가 많이 날 수밖에 없지. 그래도 이곳 모든 사람들이 그런 것은 아니니까 모두

를 안 좋게 보진 마. 네가 이곳에 대한 나쁜 인상을 가지지 않았으
면 좋겠어."

"그럼 가서 그 새끼 찾아와."

위로의 말을 건네주는 사람마저 질 나쁜 현지인과 같은 취급을
하며 화풀이를 할 만큼 나는 이제 이곳 사람들에게 지칠 대로 지
쳐 있었다.

시간은 이미 늦어졌고 오모호텔 사장을 찾아갔다. 사장은 모르
는 일이라고 말했다. 우리에게 100비르를 줄 수도 없단다. '프레
오가 당신 호텔 직원인 척하면서 우리 돈을 받아갔고 관리를 잘못
한 호텔 측 책임이다. 돈 내놔라. 그리고 프레오한테 돈을 받아라.'

수십 번을 설명했지만 사장님이 영어를 못 하니 통역 도중에 말
이 자꾸 와전되고 딴 이야기를 하게 되었다. 사장은 계속 완강하게
돈을 못 준다고 나오자 나는 결국 폭발하고 말았다.

"너희 호텔 완전 거지 같아! 내가 너희 호텔을 인터넷에 올려서 여
행자들이 절대 찾지 않도록 할 거다. 진짜 저질! 최악인 인간들아!"

마당에 서서 크게 소리를 질렀다.

사실 에티오피아 남부에는 인터넷이 아직 안 들어왔고 현지인
을 상대로 장사하는 이 숙소에게 인터넷에 비방글을 올리겠다는
나의 경고는 어떤 위협도 되지 않았을 것이다.

비전을 품은 가슴으로 벅차오르는 삶을 살아라

그저 친한 척하면서 사기 친 프레오가 너무 괘씸했고 프레오가 나쁘다며 욕을 하면서도 다들 얽히기 싫어서 피하는 마을 애들도 짜증났고 프레오를 매일 마주치면서 자기는 모르는 일이라며 책임 회피하는 호텔 직원들과 매니저, 사장에게 미친 듯이 화가 났다.

그냥 모두에게, 모든 것에 화가 났다. 그 이후로 나는 계속 사람들에게 욕을 하고 다녔다. 아르바민치에서 도르제까지 가는 버스를 찾으러 돌아다닐 때는 버스비를 원래 가격의 다섯 배 이상 부르는 기사에게, "엿 먹어라. 개자식아." 도르제에서는 돈을 달라고 우리 뒤를 쫓아다니는 아이들에게 지팡이를 휘둘러대며 "꺼져. 다 꺼지라고."

아르바민치라는 마을에서는 인터넷 까페에 갈 수 있었는데 인터넷이 너무 느려서 두 시간을 매달렸는데도 간신히 메일 하나만 보낼 수 있었다. 계산을 하려고 나오는데 아르바이트생이 또 가격을 10배로 올려 말한다. 정말 참을 수가 없었다. 나는 또 욕을 했다.

"누굴 호구로 보냐? 원래 얼마인 줄 다 아는데!"

그랬더니 현지인과 외국인의 요금은 다르다는 변명을 한다.

진카에서 합류한 길호 오빠가 사장님과 통화를 하고 화를 절제하며 두 시간 동안 논쟁을 한 끝에 우리는 원래 가격의 1.5배를 내고 문을 나설 수 있었다. 이해해보자던 초반의 마음은 씻은 듯이 사라지고 그동안 쌓인 분노만 터져 나왔다.

여행자들만 보면 속이려드는 사람들은 물론 못 씻는 것도 싫고 빈대도 싫고 바퀴벌레도 싫고 염소젖과 흙냄새도 싫고 그냥 그곳을 빨리 떠나고 싶은 마음뿐이었다.

에티오피아에 오는 길에 만났던 브라질 청년처럼 나는 그 나라 사람들을 다 싸잡아서 욕을 했고 이래서 이 나라가 못사는 거라는 또 다른 편견에 갇혀버렸다. 내가 화를 낼 때마다 호수처럼 잔잔한 성품을 가진 길호 오빠는 조언을 했다. 케냐에서 사기 친 소녀랑 화를 내며 싸웠던 애리에게 내가 했던 말을 그대로 오빠에게 들었다.

무엇이 사람들을 이렇게 만드는 것일까. 그들의 가난. 그리고 풍요로운 삶을 사는 외국인에 대한 그들의 비뚤어진 환상. 사실 따지고 보면 나는 여행자로, 여행할 정도의 돈은 가지고 있으니 그들의 눈에 부자인 것은 분명했다. 좀 더 가진 사람에게서 더 받아내겠다는 생각도 이해가 가긴 했다.

에티오피아에 도착한 지 이틀째 되던 날 썼던 일기를 다시 읽어보았다.

'모든 것은 마음먹기에 달린 것이다. 사람들을 사기꾼이라고 생각하고 의심하기 시작하면 나는 에티오피아에서 나쁜 기억만 가지고 돌아가게 될 것이다. 나는 여행할 수 있는 기회를 가진 사람

내 팔두께의 반도 안되는 다리로 뛰어다니면서도 밝은 미소를 보여준 투르미의 아이들과. 아이들의
반짝반짝 빛나는 눈동자를 떠올리면서 이후 남은 아프리카 여행에서의 고비를 넘길 수 있었다.

이고, 그렇지 못한 사람들이 많은 곳에 여행을 온 것이다. 너무 억척스럽게 흥정을 하지도 말고 사람들을 죄다 사기꾼이라고 생각하지도 말자. 웃으면서 흥정하고 미소로 사람들을 대하자. 오늘도 우리에게 비싼 버스값을 요구해 그 버스를 그냥 보내고 기다리던 중 만난 이곳의 대학생들이 반가워하며 우리에게 다가왔다. 또 돈을 원하는 게 아닐까 의심을 했다. 그런 내 생각이 부끄럽게도 그들은 우리에게 커피와 차를 대접하며 에티오피아의 문화에 대해

방황은 아름답다

친절하게 알려주었다.'

좋은 사람들을 만나고, 도움을 받으면서 웃었던 하루하루를 생각해보았다. 우리에게 커피를 사주며 에티오피아 문화에 대해 열심히 설명하던 야벨로의 대학생, 버스에서 사기를 당하고 기분 나빠 있는데 우리 편을 들어주고 집에 초대까지 해준 아저씨들, 투르미에서 내 머리를 해주다가 내가 좋다며 내 볼에 뽀뽀하고 자기 팔찌까지 내 손목에 끼워 준 열네 살 소녀와, 너무 순수하고 착한 하마르족 소년 켈리, 내 얼굴에 그려진 디메카의 하마르족 문양을 보고 박수까지 치며 좋아하시던 하마르족 할아버지, 케이아파르에서 진카까지 차를 태워주고 내 생일을 축하한다며 음료수에 점심까지 사주었던 아디스아바바에서 온 에티오피아 도로공사 청년 이스라엘. 아무도 믿지 않겠다고, 대가없는 친절은 기대하지 말자고 포기하고 있을 때면 나타나 밝은 미소를 보여준 에티오피아 사람들.

그리고 까만 하늘에 촘촘히 박혀 빛나던 별들과 그 별들만큼 반짝반짝 빛나던 아이들의 눈을 떠올렸다. 어쩌면 잊을 뻔 했던 것들이 계속 떠올랐다. 여행 중간 중간 보냈던 엽서에 대해 친구가 메일을 보내온 것을 열어보았다.

'생각보다 고생을 많이 하고 있는가 봐. 그렇지만 은정아, 엽서

속의 너는 정말 살아 숨 쉬고 있더라. 온갖 감정 느끼면서 진짜를 살고 있는 것이 느껴졌어.'

내가 왜 여행을 하는지 잠깐 잊고 있었다. 여행 초반에는 마치 처음 연애를 하는 사람처럼 매일 밤 뿌듯하게 웃으며 잠이 들고 매일 아침 눈을 뜨는 것이 신 났는데, 하루하루 시간 가는 것이 아깝다고 느껴질 정도로 나는 행복하다고 느꼈는데… 언제 그랬냐는 듯이 어느 순간부터는 불평, 불만만 늘어놓으며 화를 내고 있었다.

어떻게 보면 그런 불평을 할 수 있는 것도, 그런 것에 화를 낼 수 있는 것도 행복한 일이었다. 어느 순간 작아진 마음에, 웃으면서 해결할 수 있는 일에도 거친 말과 행동을 했던 게 아니었는지.

여행을 떠난 이후에는 하루에도 너무 많은, 다른 일들이 일어났다. 우리의 긴 인생도 마찬가지 아닐까. 오르막길이 있고 내리막길이 있고 막다른 길에서 낙심하다가도 지나가는 이에게 도움을 받아 그곳을 빠져나오고, 사기당하고 사람에게 실망하고 화를 내고 싸우고 포기했다가도 다시 사람 때문에 웃게 되는 것이 말이다.

인생이 그리고 여행이, 그런 것들의 반복이라면 이렇게 심하게 화를 내는 것도 우습지 않을까. 조금 더 다른 이들을 이해하려고 노력하고, 웃으면서 여행하자. 그리고 앞으로의 내 인생도 그렇게 여행하듯이 살아야지. 우은정. 나는 지금 '진짜'를 살고 있는 것이다.

새로운 나를 만들 자유를 얻다

아랍권에 속하는 북아프리카 지역을 제외하고 남아프리카공화국부터 에티오피아까지 아프리카 대륙의 총 8개국을 여행 했다. 여행한 기간은 두 달 반 남짓이고 어떤 봉사활동을 한 것도 아니다. 여행한 기간이 짧아 아예 서아프리카 지역은 발도 들이지 못했다.

하지만 가기 전 책을 읽으며 알고 느꼈던 것들을 직접 그곳에 가서 실제로 보고 다시 느끼며 일부에 불과하지만 대단한 것들을 경험할 수 있었다. 다행히 여행 중 다양한 지역에서 봉사활동을 했던 사람들을 만나 내가 경험하지 못한 많은 부분의 이야기도 전해 들을 수 있었다.

아프리카의 지도를 보면 마치 칼로 자른 듯 직선으로 국가와 국가 간의 경계가 그어져 있는 것을 볼 수 있다. 제국주의 시대 때 서양 열강들에 의해 국가의 내부적 동질성과는 상관없이 나눠 먹기 좋게끔 잘려진 것이다. 아프리카는 원래 부족이 근간이 되는 사회인데 그 선에 의해 원래 같은 부족이 나뉘기도 하고 사이가 좋지 않던 부족이 같은 국가에 속하게 되어 오늘날까지도 부족 간의 갈등을 겪고 있는 나라가 많다.

아프리카에는 수천 개의 부족이 있고 그만큼 다채로운 문화가 있다. 그러나 과거 식민시대 때의 고약한 흔적이 남아 여전히 사람들을 괴롭게 하고 있다. 백인 지배자들의 공백은 현지 출신의 독재자들에 의해 메워졌고 독재자들은 자기 배를 채우기에만 바쁘니 민중들은 여전히 괴로울 뿐이다. 그렇다면 혁명이 없었는가. 아프리카 사람들은 워낙에 게으르기 때문에 그 세상을 바꿔보려는 시도조차 하지 않는 것인가. 그렇지 않다. 그런 것들은 내가 사는 세상에는 잘 알려지지 않은 것뿐이다. 나는 혹은 우리는 유럽의 역사에 대해서는 배우지만 전 세계의 5분의 1이나 차지하는 아프리카 대륙의 역사에 대해서는 배우지 않았다. 아니, 유럽 각국에 의해 식민 지배를 받은 피치자로서의 아프리카에 대해서만 아주 단편적으로 배웠다. 그리고 요즘 우리가 가끔 TV로 접하는 아프리카 사람들이란 기아와 빈곤에 허덕이는 그저 마르고 불쌍한 사람들일 뿐이다.

피식민지로서의 아프리카와 그곳에 사는 가난한 사람들. 그리고 대자연과 동물들. 공부를 하고 여행을 가기 전까지, 그것이 내가 아프리카에 대해서 알고 있던 전부였다.

나는 얼마나 무지했던가. 아프리카를 여행하며 다시 한 번 내가 해야 할 일들이 무엇인지에 대해 생각하게 되었다.

내가 만약 이곳에서 태어났다면?

하루하루 끼니 걱정을 하느라 미래에 대한 꿈은 생각도 할 수 없다면? 나의 어머니가 에이즈나 말라리아에 걸려 치료도 받지 못하고 죽어 간다면? 나의 동생이 신발도 없이 까진 발로 걸어 다녀야 한다면? 나의 아이가 더러운 물을 마셔야 한다면?

나는 운이 좋아 깨끗한 물을 마실 수 있고, 마음껏 씻을 수 있으며, 하루 세끼 걱정 없이 먹을 수 있으며, 지붕이 있는 집에서 잠을 잘 수 있는 환경에서 태어났다. 누구 말처럼 삼신 할매의 랜덤에 의해 내가 그러한 모든 것들을 누리고 있는 사이 지구 한편에서는 사람들이 굶주림에 쓰러져가고 있었다.

그리고 나는 꿈을 꿀 수 있었다. 이렇게 떠난 여행에 대한 꿈도, 법조인에 대한 꿈도, 더 나아가 국제기구에서 내 몫을 하고 있는 내 미래에 대한 꿈도 얼마든지 꿀 수 있었다. 그것은 밥을 먹고 따뜻한 잠자리를 당연한 듯 부여받은 것만큼이나 대단한 자유였고, 행복이었다. 나는 왜 이 사실을 이곳까지 와서야 진심으로 알게 된 것일까. 유치한 발상일지 몰라도, 어깨 쭉지에 날개가 파닥파닥 돋아나려는 것 같은 기분을 느꼈다. 몸이 가볍고 머릿속이 맑아졌다. '무엇이라도 할 수 있는 나'라는 사실에 새삼 감사했다. 아프리카 여행을 마치면서 나는 새로운 자유를 얻게 된 것이다.

Part 3

네 인생을 독자 없는
소설로 만들지 마라

우리는 깨닫고 배우고 꿈꾸는 이야기들을 나누었다.
내가 하지 못한 경험들을 다른 사람들을 통해 접하고
함께 생각해 보고 공감하며 배울 수 있는 기회를 가지고
내 모습을 되돌아보며 또 다른 내 모습을 발견했다.
이것은 여행을 하면서 누릴 수 있는 가장 큰 특권이었다.

진짜 이집트는 피라미드 밖에 있다

아디스아바바에서 머무는 동안 신경을 많이 써주신 한국건설회사 분들과 에티오피아에서의 마지막 밤을 아쉬워하며 밤늦게까지 작별파티를 하고 카이로 행 새벽 비행기에 올랐다. 신 나게 마시느라 주량을 넘기는 줄도 몰랐던 나는 결국 공항에서 오바이트를 했다. 문제는 기내에서였다. 배가 몹시 아프고 온몸에서 열이 나 구토가 올라왔다.

'이건 술병이 분명해. 기력이 쇠했구나. 카이로에 도착하면 돈을

얼마를 내고라도 반드시 중급 이상 호텔을 찾아 개인 침실에서 묵어야지!’

반드시 호텔에 가야겠다고 몇 번을 생각했지만 카이로 공항에 내려 버거킹 햄버거와 콜라를 입에 넣으니 몸이 씻은 듯이 나았다.

그렇다. 카이로 공항에는 맥도날드와 버거킹이 있었다. 이집트에 온 것이 실감났다. 아프리카의 국가들은 외국자본을 유치하거나 외국기업의 자국진출에 대해 굉장히 신중한 입장을 취하고 있었다. 아직 자국 경제가 충분히 발달하지 않은 상태에서 외국자본이 들어오면 자국 경제를 잠식해버릴 가능성이 크다는 판단에서였다. 그래서 비교적 개방적인 몇 개 국가에서를 제외하고는 외국기업이 아프리카에 진출하기 아주 힘들다는 이야기를 들었다. 물론 그러한 고충에는 주먹구구식의 시스템이나 현지 공무원들의 부정부패 등도 한몫을 하고 있다고는 하나 어쨌든, 아프리카에는 버거킹과 맥도날드가 없었다.

버거킹 햄버거가 이렇게 맛있었나? 빵과 패티 사이에서 구겨진 얼굴을 내밀고 있는 양상추! 비록 ‘물방울이 또르르 굴러 떨어지는 신선한 양상추’는 아니었지만 두 달간 생야채라고는 구경도 못했던 내게 바비큐소스와 마요네즈에 버무려진 양상추는 정말 일품이었다. 나는 그렇게 카이로에 입성하여 가장 먼저 ‘버거킹

만세'를 외치고 있었다.

세계 어느 도시에서든 자동차는 넘쳐 난다. 무단 횡단을 하는 사람들과 빵빵거리는 자동차의 경적소리가 어우러진 전투적인 도시의 분위기에 이질감을 느끼던 것도 잠시, 어느새 자연스레 오는 차를 멈춰 세우고 발을 내딛고 있었다. 등 뒤의 경적소리에 미소를 날려주는 여유도 생겼다. 뉴욕이든 나이로비든 카이로든 마찬가지다. 바빠서 성격이 급해졌든 성격이 급해서 바빠졌든 도시의 사람들은 무엇을 기다릴 여유가 없었다. 도시의 분위기와 그것에 익숙해진 사람들의 기질이 그 혼잡스러운 경적소리를 만들어내고 나는 그 속에서 여유를 찾고 있으니 참 아이러니했다.

한국에서 운전하던 것을 떠올리니 웃음이 났다. 학교수업과 아르바이트 두 개, 새벽 귀가로 이루어지는 바쁜 하루를 지탱하기 위해 나는 그때까지 모았던 돈으로 잠시 중고 경차를 사서 끌고 다녔었다. 워낙 성격이 급한데다가 시간에 쫓기기까지 하던 나는 진상 운전자의 전형을 제대로 보여준 바 있었다. 차선 자주 바꾸기는 기본이고 앞차가 조금만 늦게 가도 성질을 냈다. 신호가 바뀜과 동시에 빵빵대는 뒤에 선 차들을 욕하면서 정작 내가 뒤에 있을 땐 더 심하게 빵빵거렸다.

'빨리빨리 가란 말이야!'

아랍·중동에도 '빨리빨리' 문화가 있다. 이곳 사람들은 '얄라'라는 말을 입에 달고 사는데 '얄라'에는 'let's go' 또는 'cheer up'이라는 뜻도 있고 'hurry up'의 뜻도 있다. 우리말로 치면 '빨리빨리'라는 말 격인 '얄라얄라'는 내가 중동지역을 여행하며 가장 많이 들었던 말이었다. 이곳 이집트에서는 물론이고 보행 신호가 없어 경적소리 속에서 8차선을 무단횡단 해야 했던 시리아에서도, 튀니지에서 항상 나를 재촉하던 야신이 하던 말도 얄라얄라!

오늘만은 꼭 중급 이상의 호텔에서 자겠다는 생각은 어느새 사라져 있었다. 카이로에 온 기분을 만끽하고 싶어 가장 복잡하고 시끄럽기로 유명한 타흐릴 광장이 내려다보이는 한 호스텔에 들어가 광장 쪽 창문 바로 밑에 있는 침대를 잡았다. 창문을 닫아도 신경질적인 경적소리가 아주 잘 들렸다.

자동차와 사람들의 시끌벅적한 소리는 의외로 마음을 편하게 만들었다. 도시다. 원하는 모든 것을 손에 넣을 수 있을 것만 같은 기분이 들었다. 조금만 걸어가면 아이스크림 가게가 있고 쇼핑몰이 있고 영화관도 있다.

침대에 누우면 곧바로 꿈나라로 빨려들 것 같았는데 나는 이집트 여행 책을 뒤적거리며 아랍식 숫자를 외우고 있었다. 우리가 사용하는 숫자는 아라비아 숫자인데 정작 아랍에서는 아라비아 숫자를 사용하지 않았다. 돈에도 버스에도 적혀 있는 것은 아라비아 숫자가 아니기 때문에 아랍식 숫자를 외워야 했다.

"와헤드, 이트닌, 탈라따, 암바……."

한참 책을 읽고 있는데 아잔이 들려왔다. 아잔은 이슬람교에서 기도소리를 알리는 외침으로 중동 국가를 여행하면서 나는 이 아잔 소리를 좋아하게 되었다. 특히 고요한 분위기에서 울려 퍼지는 아잔은 마음에 평온을 가져다주었다.

이집트는 지도상으로는 북아프리카에 속해 있지만 우리가 흔히 떠올리는 아프리카의 느낌을 가지고 있지 않다. 이집트의 정식명칭도 이집트아랍공화국(Arab Republic of Egypt). 원색을 좋아하는 아프리카 사람들과는 다르게 무채색 옷을 입은 사람들(물론 번화가에는 딱 달라붙는 스키니 진에 빨간 히잡을 쓰고 선글라스를 낀 멋진 아가씨들도 많다)이 많았다. 곳곳의 이슬람 사원과 기도하는 사람들만 보아도 아랍의 분위기가 물씬 풍겼다.

다시 배가 고파졌다. 호스텔 근처의 작은 식당에 가서 이집트식 스파게티인 '코사리'를 먹었다. 가격은 600원! 그 자리에서 싱싱한 딸기를 갈아주는 달콤한 주스는 400원. 1000원으로 밥 한 끼에 디저트까지 해결했다. 주스가게 아저씨의 사람 좋은 웃음과 농담은 덤이었다.

여느 도시의 모습과 다를 것 없는 이집트 카이로. 우리나라의 '빨리빨리'처럼 이곳 사람들은 '얄리 얄리'를 입에 달고 산다. 어딜가나 바쁜 도시의 사람들.

점심을 먹은 후에는 번화가를 벗어나 골목 뒷길을 밟으며 슬금슬금 산책을 했다. '네가 여긴 무슨 일이냐' 하는 표정으로 물담배를 피우는 할아버지들과 인사도 주고받고 조깅을 하고 있던 이집트 청년과 이야기도 나누었다. 숙소로 돌아오는 길에는 야채가게에서 양파와 당근, 감자를 샀다. 호스텔에 돌아와 야채를 볶고 원래 가지고 다니던 카레가루로 카레를 만들었다. 시장에서 600원짜리 밥을 사와 저녁을 해 먹었다.

이렇게 물가가 싸고 사람들이 좋은데… 이집트에 사기꾼들이 많아 짜증이 폭발했더라는 말을 누가 한 걸까? 이집트에 간다는 나에게, 먼저 이곳을 여행한 사람들은 잡상인과 사기꾼 때문에 기분 상하지 않도록 조심하라는 조언을 해주었다. 누군가에게는 이집트가 최악의 여행지로 기억되고 있었다.

나는 카이로에 도착한 지 정확히 3일째 되던 날 아침부터 그들을 이해하게 되었다. 골목골목을 누비며 놀고먹던 나는 그날부터 본격적인 관광을 시작했다. 고고학 박물관, 올드 카이로와 이슬라믹 카이로의 수많은 유적, 유물들 그리고 이집트의 상징, 피라미드를 차례로 돌았다.

피라미드 앞은 언제나 바글거리는 관광객들과 그들을 실어 나르는 대형 관광버스, 잡상인 그리고 사기꾼들로 붐볐다. 비싼 입장료와 차비는 그렇다 치고 잡상인을 밀어내고 밀어내다 뻥튀기 된 가격으로 사기라도 한 번 당하면 안 그래도 더운 날씨에 불쾌지수는 우주 저 끝까지 솟구쳤다. 같은 물건도 장소와 사람에 따라 5배 ~10배 차이가 나는 것은 이집트에서 매우 자연스러운 일이었다. 5천 원에 살 수 있는 기념품을 2만 원 넘게 주고 사거나, 3만 원을 내고 낙타 피라미드 투어를 하는데 옆 사람은 만 원도 안 내고 같은 투어를 한 사실을 알게 됐을 땐 정말이지 마음을 곱게 먹으려고 해도 점점 짜증이 올라왔다. 그게 아니더라도, 시장에서 600원 했던 코사리가 관광지 앞에서는 그 10배인 6000원에 팔리고 있다는 불편한 진실을 목격했으니 진짜 뭐 이런 요지경이 있나 싶었다.

그렇지만 이집트에 왔는데 피라미드와 투탕카문, 미라를 안 볼 수는 없었다. 문명의 탄생지 이집트에는 역사적인 장소가 너무나 많았다. 바쁘게 움직여야 했다. 이곳저곳 정신없이 관광지 루트를 쫓다 보니 '내가 지금 뭐 하고 있나' 하는 생각이 들었다. 어느새 나도 바글거리는 관광객 속에 섞여서 여기 찍고 이동, 저기 찍고 이동, 신전을 하도 보다 보니 나중에는 다 똑같아 보였다. 피라미드는 멋졌지만 이런 식으로 여행을 한다면 이집트에서의 시간은 '가격 뻥튀기' 외에 별 기억에 남는 것이 없는 여행이 될 것 같았다.

지친 마음으로 카이로를 떠나 이집트 남부의 아스완으로 가는 기차에 몸을 실었다. 아스완은 아부심벨*의 근처에 있었기 때문에 아부심벨을 보려는 사람들은 일단 아스완에 들러 그곳에서 새벽에 아부심벨로 출발한다고 했다.

카이로에서 아스완까지는 기차로 15시간이 걸렸다. 원래 외국

---

* 아부심벨신전 (Abu Simbel Temple) : 이집트 남부 아스완에서 남쪽으로 약 280km, 나일강 서쪽에 있는 두 개의 암굴신전 유적. 람세스 2세가 누비아 지방에 조영한 7개의 신전 중 두 개. 아스완하이 댐의 건설에 따른 수몰에서 구제하기 위해서 1964~1968년에 유네스코에 의해서 이전되었다.

인은 2등석 표를 살 수 없는데 기차 안에서는 살 수 있었다. 물론 1등석이 에어컨도 빵빵하고 더 좋겠지만 경비를 아끼기 위해 2등석으로 만족하기로 했다. 기차가 출발하고 표를 사기 위해 직원에게 갔다. 그런데 이런! 표를 살 수 있긴 한데 입석이란다(나중에 알고 보니 기차 안에서 표를 사라는 정보는 승객이 많지 않은 아스완-룩소르 구간에만 해당되는 것이었다). 둘러보니 이미 빈 좌석은 없었고 서서가는 현지인들도 많이 보였다.

15시간 동안 서서 가야 하는 건가? 2시간 동안 빈 좌석을 찾아 기차 안을 헤매다가 식당 칸 통로에 겨우 쪼그려 앉았다. 그렇게 앉아서 4시간 정도를 잤다. 에티오피아를 떠나면서 이제 당분간 몸 고생은 하지 않을 거라고 생각했는데… 함께 쪼그려 앉아 과자를 나누어 먹었던 맘씨 좋은 이집트 청년들이 새벽 1시쯤, 사람들이 내려 좌석이 생겼다면서 나를 1등석으로 안내해 주었다. 내가 그들보다 더 오래 가야 한다며 자신들은 서서 가겠다고 했다. 널찍한 1등석 좌석에 몸을 누이자마자 단잠에 빠져들었다. 그 청년들 덕에 9시간 동안 편하게 누워 잠을 잘 수 있었다.

문명의 흔적을 꼭 직접 찾아가보리라는 어린 시절의 꿈을 가지고 찾은 이집트에서 나를 감동시킨 것은 결과적으로 피라미드도 나일강의 일몰도 아부심벨도 아닌 그곳에서 만난 '사람들'이었다.

우리나라 사람들이 불고기와 김치만 먹는 것은 아닌 것처럼 이집트에도 피라미드만 있는 것이 아니었다. 버거킹과 콜라, 600원짜리 코사리와 6000원짜리 코사리, 얄라얄라와 경적소리, 아잔과 모스크, 무채색 옷과 빨간색 헤잡, 관광객과 사기꾼 그리고 순박한 사람들. 그 모든 것이 이집트에 있었던 것이다.

진짜 이집트는 피라미드 밖에 있었다.

사람으로 시작해서 사람으로 끝난다

여행지의 인상을 결정하는 것은 그곳의 유명한 관광지도 멋진 경치도 아니다. 바로 그곳 사람들이다. 현지 사람들은 물론 함께 여행한 사람도 그렇다. 여행은 어디를 갔는가도 중요하지만 누구와 함께했는지, 그곳에서 누구를 만나는지가 더 중요하다.

룩소르에서는 한국인에게 유명한 이집트 사람의 숙소에 머물렀기 때문에 여행을 하는 한국인들을 많이 만날 수 있었다. 그중에서도 대중교통으로 이동하는 나와 다르게 자전거로 여행하는 여행자들이 특히 기억에 남았다. 그들의 이야기를 듣고 있으면 시간 가는 줄 몰랐다. 자전거로 아프리카 대륙을 종단해서 이집트까지 올라왔다는 민규는 마을 성당이나 교회에서 거의 공짜로 숙박해왔는데 그게 자전거 여행자의 특권인 것 같다며 자전거 여행을 강력 추천했다. 얼마 전, 한국으로 돌아가기 위해 그동안 동고동락하던 자전거를 팔면서 많이 울었단다.

유라시아를 자전거로 횡단하고 온 젊은 부부도 만났다. 경찰서 앞뜰에서 캠핑을 하기도 하고 마을 사람들과 파티를 하기도 하며 이곳까지 왔다고 한다. 아무래도 자전거나 캠핑카로 여행을 하면 현지인들과 더 많은 접촉을 하게 되는 것 같았다. 자전거로 그런 대장정을 하다니. 나보다 더 힘든 일이 훨씬 많았을 것이다. 나도 언젠가 자전거로 여행을 하고 싶다는 새 꿈이 슬며시 싹 트려는 것 같았다.

여행을 하면서 가장 좋은 점은 다양한 사람들을 만날 수 있다는 것이다. 배낭여행객들은 서로 직업이나 성향이 다른 사람들임에도 불구하고 대부분 가치관이나 목표가 비슷하기 때문에 그들과 함께 이야기하는 것은 굉장히 즐거운 일이다. 우간다에서 5개월간 식량구호 봉사활동을 한 친구, 탄자니아에서 6개월간 의료봉사를 한 친구, 남아공에서부터 에티오피아까지 올라오며 각지의 빈민촌에 가 함께 생활하며 벽화를 그려주는 친구, 이스라엘에서 봉사활동을 하고 아프리카를 여행하는 친구 등 지금까지 여행을 하며 만난 사람들은 정말 다양했다. 단 한 번도 같은 사연을 가지고 여행길에 오른 사람들을 본 적이 없었다. 서로의 경험담과 생각들을 주고받는 이야기를 시작하면 시간이 가는 줄 몰랐다. 내 나라에서 일상을 살며 지인들과 나누는 대화와는 또 다른 주제로, 다른 내용의 대화를 할 수 있었다.

한국에서의 1년보다 오히려 멀리 떠나온 이곳에서의 1년 동안 내 주변 사람들을 더 생각하고 떠올리고 있었다. 연락을 주고받는 일도 떠나온 후에 더 챙기게 되었다. 사실 쳇바퀴처럼 굴러가는 바쁜 일상에서는 주변 사람들은 물론 나 자신에 대해서조차 생각을 할 기회를 갖기가 어려웠다. 그러다 보니 작든 크든 어떤 경험에서도 많은 것을 이끌어내기 힘들지 않았었나 하는 생각이 든다. 그러지 않으려고 해도 살다 보면 그렇게 되는 것이다. 그러고 싶어서가 아니라 자연스럽게 내 관심은 오로지 목전의 것이 되고 주변 사람들과의 대화 주제도 한정되어 가는 것이다. 하지만 여행길에 있는 사람들은 따뜻하고 견고한 가치관을 만들어가고 있었다. 그들에게 인생은 전쟁터가 아니라 여행 그 자체였다.

나는 뭔가를 빨리 해내야겠다는 짐을 점점 내려놓게 되었다. 순간을 즐기면서도 그 한순간에 흔들리지 않는 법을 배워 가고 있었다. 우리는 깨닫고 배우고 꿈꾸는 이야기들을 나누었다. 내가

방황은 아름답다

하지 못한 경험들을 다른 사람들을 통해 접하고 함께 생각해 보고 공감하며 배울 수 있는 기회를 가지고 내 모습을 되돌아보며 또 다른 내 모습을 발견했다. 이것은 여행을 하면서 누릴 수 있는 가장 큰 특권이었다.

어떤 이와는 오랫동안 함께 여행을 하고 어떤 이와는 하룻밤 이야기를 나누고 헤어졌지만 단 한 사람도 빼놓지 않고 모두 기억에 남았다.

모두 일상으로 돌아가면 다시 바쁜 삶을 살게 될지도 모른다. 그렇지만 가끔 이런 나날들을 떠올리며 웃고 있을 것이다. 지금의 나처럼.

시와의 매력

시와는 카이로에서 서쪽으로 550km 떨어진 사막에 위치해 있다. 19세기 말까지 고립된 상태로 독특한 문화를 유지했다고 하는 작은 마을이다. 카이로에서 시와까지는 10시간이 걸리기 때문에 다른 관광지처럼 많은 사람들이 찾지는 않는 것 같았다. 카이로에서 조금 더 북쪽에 있는 알렉산드리아에서 출발하니 총 9시간이 걸렸다.

네 인생을 독자 없는 소설로 만들지 마라

시와 사막. 관광객들이 오아시스에 몸을 담구는 동안 운전기사 아저씨들은 그늘에 앉아 휴식을 취하고 있다. 다신 오지 않겠다고 결심했어도 다시 찾게 되는 사막의 매력. 가 본 사람만이 알 수 있다.

그림같이 파란 지중해를 끼고 끝이 없을 것만 같은 사막을 네 시간 달리니 도착해 있었다.

원래는 2~3일 정도만 머물 예정이었으나 그곳의 매력에 빠져 일주일이나 머무르게 됐다. 걸어서 한 바퀴를 돌면 20분이 채 안 걸릴 정도로 작은 마을이었다. 사막 한가운데의 마을이라 시시때때로 불어오는 모래바람 탓에 건물들이 모래로 뒤덮인 칙칙한 색들이었지만 그것대로 참 예뻤다. 그동안 휘황찬란한 관광지들을

방황은 아름답다

둘러보며 혼을 다 빼앗긴 터라 나는 그 작은 시와 마을이 마음에 쏙 들었다.

마을 사람들이 좋은 것은 말할 것도 없었다. 첫날 자전거를 타고 근처를 둘러본 것과 1박 2일 동안 사막에 다녀온 것 외에는 동네 한 바퀴를 돌며 호스텔 주인 청년과 이야기를 하고 과일 가게 아저씨와 담소를 나누고 빵집에 가서 빵집 소년 알라와 노는 것이 하루의 전부였다.

시와 마을은 사막에 둘러싸여 있기 때문에 사막에도 가볼 수 있었다. 호스텔에 같이 머무는 분들과 함께 사막 투어를 신청해서 다녀왔다. 1박2일 투어였기 때문에 하루는 사막에 있는 캠프에서 잠을 자야 했다. 사막에 가면 온몸이 모래투성이가 되고 씻지도 못하기 때문에 사막에 갈 때마다 매번 다신 오지 않겠다고 결심했었는데, 이렇게 다시 찾게 되는 것은 가 본 자만이 알 수 있는 사막의 매력 때문이 아닐까?

저녁 먹고 텐트 안에서 수다를 떨고 있는데 밖이 시끌벅적했다. 대체 무슨 소린가 해서 밖으로 나가보니 이집트 모 축구팀이라는 열댓 명의 사람들이 북을 치며 노래를 하고 있다. 우리도 끼워달라는 눈빛을 보내며 어슬렁대니 이리 오라고 손짓을 한다. 좋아라하며 달려가서 옆에 앉아 함께 노래를 하며 놀았다.

네 인생을 독자 없는 소설로 만들지 마라

무슬림들이라 술은 못 마시고 대신 차이를 마시고 있었다. 찻잎을 넣은 주전자가 모닥불 위에서 달궈지면 작은 잔에 차이를 따르고 마치 우리가 소주잔을 돌리는 것처럼 찻잔을 돌렸다. 한참 노래를 부르던 사람들이 나에게 한국 노래를 들려달라고 청해왔다. 우리나라 노래라고 할 만한 민요를 찾다가 아리랑을 부르고 뱃놀이를 불렀다. '오 필승 코리아'도 불러보았는데 반복적인 멜로디에 익숙한 그들에게 우리 노래는 별 재미가 없었던 것 같다. 이어갈 노래가 생각이 안 나서 '아 뭐지?' 그랬더니 이들은 그걸 '람보디'로 듣고 '람보디' 한 단어로 노래를 만들어 부르기 시작했다(그 이후로 내 별명은 람보디였다). 그러더니 람보디로 수십 가지의 노래를 만들어 냈다. 어떤 단어든 한 단어가 던져지면 사람들은 그걸로 재미난 노래를 만들어 불렀다. 차에 취했는지 분위기에 취했는지 사람들은 모닥불 주위를 돌며 춤을 추기 시작했고 시와 사막의 밤은 그렇게 깊어갔다.

시와에서의 마지막 날에는 빵집 소년 알라 그리고 그의 친구들과 샤리 꼭대기에 올라갔다. 샤리는 중세시대 때 지어진 시와의 전통 주거 공간으로 마을보다 조금 높은 곳에 위치하고 있었다. 염분을 섞은 흙으로 지은 집인데 이집트에 내린 큰 비로 인해 많이 허물어지고 현재는 사람이 살지 않고 있다. 꼭대기까지 올라가는 길에 험한 부분이 꽤 있었는데 알라와 그의 친구들은 서로 내 손을 잡아주겠다고 싸우고 나와 함께 사진을 먼저 찍겠다고 또 싸웠다. 내려오는 길에는 글쎄 꽃을 따서 꽃잎을 뿌려 주었다. 완전히 공주 대접이었다! 이 무슬림 소년들이 나에게 이렇게 해주는 데에는 다 이유가 있었다. 또래의 여자 아이들과 이야기를 하지 못하는 것은 물론 얼굴도 잘 볼 수 없었기 때문. 꼭대기에 올라서는 알라의 벨리 댄스를 보며 또 한바탕 배를 잡고 웃었다. 시와에 가기 전 일주일 동안 가지게 된 이집트에 대한 안 좋은 인상이 시와를 통해 씻겨져 나갔다.

다양성을 담아가는 내 얼굴

요르단 공항에 도착해 입국심사를 받고 있었다. 요르단의 출입국 관리원이 내 얼굴과 여권 사진을 몇 번이고 번갈아 보더니 고개를 기웃거리며 물었다.

"이거 정말 당신 맞아요?"

터키에 도착한 이래 이 질문만 네 번째였다! 터키, 아랍에미레이트, 오만에서 그리고 여기 요르단에서. 아마 내가 그동안 여행하면서 많이 탄데다 여권 사진에서 나는 단발머리를 하고 있는데 여행을 할 때는 머리를 다 올려 묶고 있어서 외국 사람들 눈에는 완전히 다른 사람처럼 보이는 것 같았다.

나는 순진한 얼굴로 고개를 끄덕였다.

"아프리카를 여행하면서 많이 타서 그래요. 저 맞아요."

"아닌 것 같은데……."

직원은 한참을 고민하다가 옆 창구의 직원에게도 지나가는 다른 직원에게도 내가 사진의 인물과 동일인처럼 보이는지 물었다. 그러나 그들의 눈에도 그렇게 보이지 않았나 보다.

"저기 가서 앉아 있으세요. 당신은 특별 인터뷰를 해야 해요."

"그거 저 맞아요. 많이 타서 그렇다구요."

"일단 앉아 있어요. 부를 때까지."

입국심사대 옆에서 30분을 기다린 끝에 또 다른 직원이 내가 있는 쪽으로 왔다. 그런데 이 직원은 처음에 나와 눈이 마주쳤는데도 두리번거리더니 그냥 몸을 돌린다. 혹시나 해서 그의 손에 들린 여권을 보았더니 그것은 나의 여권이었다.

"이봐요. 그거 저예요. 저."

"엥? 이게 당신?"

직원을 따라 사무실로 들어갔다. 사무실에는 좀 더 높은 직급으로 보이는 아저씨가 앉아 있었다.

"이거 정말 당신 맞아요?"

"네. 저 맞아요."

"그런데 왜 이렇게 까맣지? 내가 알기로 한국인은 이렇게 까맣지 않은데? 동남아시아 사람 아니에요?"

"아프리카를 여행하면서 많이 타서 그렇습니다. 정말 저 맞아요."

"왜 요르단에 왔습니까?"

"여행 목적으로 왔어요."

"왜 이렇게 많은 아프리카 국가를 갔지요?"

"저는 1년 동안 여행 중인데요. 아프리카에서 시작해서 중동을 거쳐 아메리카 대륙으로 갈 거예요."

여권을 뒤적이던 직원은 웃으며 말했다.

"신기하구만. 흠… 혹시 테러리스트 아니야?"

"아니에요. 여행을 좋아해서 그래요."

"그렇군요. 잘 알겠습니다. 요르단에 오신 것을 환영합니다."

입국심사대에서 한 시간 정도를 머무른 끝에 드디어 요르단 비자를 받을 수 있었다.

여행 내내 여름만 쫓아 다녀서 그런지 내가 봐도 피부가 심하게 타긴 탄 상태였고 피부가 까매진 후로 한국인이 아닌 외국 사람으로 오해를 많이 받아왔다. 일본인과 중국인은 물론이고 인도인,

네 인생을 독자 없는 소설로 만들지 마라

필리핀인, 말레이시아인, 태국인, 콜롬비아인 심지어는 미국인, 영국인, 프랑스인까지. 미국에야 워낙 다양한 인종이 있으니까 그렇다 치고 프랑스인은 또 뭐지? 웃지도 울지도 못할 일이긴 했지만 난 정말 재밌었다. 여행을 하며 한국인이 아닌 다른 인종으로 보인다는 사실은 꽤 기분이 좋았기 때문이다. 나에게 상상도 못 했던 다양성을 일깨워주고 마음을 열어주고 있는 이 여행을 내 얼굴이 닮아가는 것 같아서랄까?

웰컴 투 시리아!

시리아에 간다고 하니 주변 사람들은 걱정부터 했다.
"거기 테러 국가 아니야?"
"거기 엄청 위험한 데잖아. 시리아!"
미국 부시 전 대통령이 악의 축이라고 말한 나라 중 하나. 북한과 무기 거래를 하는 나라 시리아.
그러나 시리아는 내가 여행했던 나라들 중에서 꼭 다시 찾고 싶은 나라 중 하나다. 여행자의 입장에서는 어떠한 위험도 느낄 수 없었으니까. 오히려 나는 시리아 사람들의 친절함에 감동해서 꼭 다시 시리아를 찾겠노라고 결심하며 그곳을 떠나왔다.

시리아 사람들은 타인에게 관심이 많다. 특히 외국인에게 아주 큰 관심을 보여왔다. 대화가 통하지 않는데도 다가와서 이것저것 참견을 했다. 안 좋게 보면 오지랖이 넓다고 할 수도 있지만 여행자의 입장에서는 그런 현지 사람들이 재미있고 반갑기도 하다. 나역시 그런 시리아 사람들이 좋았다. 대가 없는 친절은 요르단에 도착한 순간부터 시작되었다. 내가 운이 좋았던 걸까? 요르단에 도착했을 때부터 나는 교통비를 거의 지출하지 않았다.

요르단 공항에서 시내로 들어가는 버스를 탔다. 나는 어디서 내려야 될지 몰라 눈만 꿈뻑꿈뻑 거리고 있었다. 그때 버스에 함께 타고 있던 아저씨가 갑자기 말을 시키더니 자신은 바빠서 나에게 지금 도움을 줄 수 없다며 친구를 불러서 날 숙소까지 데려다 주게 했다. 그의 친구라는 오마르는 조금 느끼하긴 했지만 내가 손님이라며 택시비도 자기가 내고 짐도 들어주었다.

요르단 암만에서 시리아 다마스커스까지는 택시를 탔는데, 기사로 아르바이트를 하던 법대생 파레스는 다음에 내가 요르단을 찾으면 꼭 자기가 가이드를 해주겠다며 이번에 그러지 못하는 것에 대해 진심으로 아쉬워했다.

수도 다마스커스에 도착하자마자 시리아의 북부 도시 알레포에

네 인생을 독자 없는 소설로 만들지 마라

가는 버스를 타려고 터미널에 가던 중에 만난 월비도 내 교통비를 내준 시리아인 중 한 명이었다.

“이 길로 쭉 가면 버스 터미널 나오는 거 맞죠?”

“네, 맞아요. 어디로 가는데요?”

“알레포요.”

나는 터미널에 가는 길을 물어보았을 뿐인데 월비는 짐을 들어 주겠다며 손을 내밀었다. 게다가 버스 터미널에 도착하자 월비는 자기도 알레포에 간다며 내 버스비까지 내버렸다.

“왜 그래요? 내 버스비는 내가 낼 거예요.”

“괜찮아요. 나도 알레포에 가요. 길에서 만난 것도 인연인데.”

“도대체 왜 이런 친절을 베푸는 거죠?”

“당신은 손님이니까요.”

알레포에 도착한 다음에도 월비는 내가 길을 잃을까 봐 친절하게 호스텔까지 데려다주었다. 그리고 시리아에서의 첫 도시 알레포. 숙소가 있는 거리에 내가 들어서자 주변의 상점 사람들이 일제히 환호하며 나를 환영해 주었다.

알레포의 한 통닭집에 저녁을 먹으러 들어갔다. 통닭집에 들어가자마자 환영의 인사들이 여기저기서 들려왔다.

“Welcome to Syria!”

북부 도시 하마에서 시장에 갔을 때는 시장 입구에 들어서자마자 온 상인들이 여기저기서 함께 사진을 찍자고 난리였다. 카메라를 대니 서로 친구를 찍으라며 웃으시던 야채가게 아저씨들.

"시리아 어때?"

가게 안에 있던 한 아저씨가 물었다.

"완전 좋아요!" 하고 엄지손가락을 치켜세우며 웃자 곳곳에서 환호가 터져 나오며 모두들 웃었다.

시리아에서는 어딜 가나 많은 사람들이 "Welcome to Syria!" 하고 환영의 인사를 건넨다. 북부 도시 하마에서 시장에 갔을 때는 시장 입구에 들어서자마자 온 상인들이 인사를 건네고 여기저기서 함께 사진을 찍자고 난리였다. 과일가게 아저씨도 생선가게 아저씨들도 채소가게 아저씨들도… 한 과일 가게 아저씨는 반갑다며

네 인생을 독자 없는 소설로 만들지 마라

마시던 차까지 건네주었다. 식당 앞에서 기웃거리면 일하는 청년들이 맛을 보라며 금방 튀겨낸 팔라펠(콩을 갈아 뭉쳐 튀긴 중동의 전통음식)을 내밀었고 주스 노점 앞에서 기웃거리면 주스가 건네졌다.

하마의 공원에 갔을 때는 주말이라 그랬는지 가족 단위로 나들이를 온 현지인들이 참 많았다. 공원을 산책하고 있으면 여기저기서 함께 사진을 찍자고 불러서 여러 가족들과 함께 사진을 많이 찍었다. 길에서 만났던 어떤 한 가족과는 시장 가는 길에 또다시 마주쳤는데 아주머니가 잠깐만 기다리라더니 가방에서 무언가를 꺼내주셨다. 쿠키였다.

"이거 먹어요. 더 주고 싶은데… 가진 게 없네."

시리아 사람들은 매번 더 주지 못해 아쉬워했다.

시리아는 낮에 햇빛이 강해서 그런지 낮에는 거리에 사람들이 별로 없다가 해만 지면 거리가 붐비는 것이 신기했다. 수크(시장)도 밤이 되어야 붐비기 시작했고 밤 11시에 시장을 가도 사람들이 여기저기에서 말을 걸었다.

시리아에는 '사람이 없는 곳, 그곳은 지옥이다'라는 오래된 속담이 있다. 이 속담에서도 알 수 있듯이 시리아 사람들은 외부로부터의 방문자에게 관심을 가지고 최대한 도우려고 했다. 처음 만난 사람들에게도 그들의 친밀감을 기꺼이 보여준다. 덕분에 시리아에서는 매일매일 사람들 때문에 감동하고 웃을 수 있었다.

루프 탑(roof top) 사람들

레바논에서 다시 시리아로 넘어와 다마스쿠스에서 하룻밤을 보냈다. 다마스커스에 도착하자마자 유명한 우미야드 모스크(이슬람 사원)와 수크를 방문하고 유스호스텔에 돌아오니 마침 거기 묶고 있는 아이들이 바를 하나 빌려서 파티를 한다며 나에게도 오라고 했다.

배낭여행자 파티라고 해서 다마스쿠스의 유스호스텔에 묶고 있는 사람들이 다 오는 줄 알았는데 알고 보니 우리 유스호스텔에 묵는 사람들끼리의 자리였다. 그것도 루프 탑(roof top)에 묵고 있는 사람들만. 참석자가 스무 명 정도 되어 꽤 떠들썩했다. 국적도 다양하고 나이며 직업이며 정말 가지각색의 사람들이 모여 있어 참 재미있었다.

나는 1년 동안 여행한다는 것과 특히 아프리카를 종단했다는 사실로 사람들 사이에서 큰 집중을 받았다. 모두들 내가 멋지다면서 부럽다고 말해왔다. 그렇지만 지금 이 루프 탑엔 나보다 멋지고 즐겁게 사는 사람들이 더 많았다. 그중에서 기억에 남는 친구가 몇 명 있다.

레바논 베이루트에서 시리아 다마스쿠스까지 오는 세르비스 버스에서 만난 엉기. 호스텔에도 함께 오고 다마스쿠스 시내를 함께 돌아다닌 동갑내기 프랑스인이다. 파리에서 금융회사를 다니며 바쁘게 살고 있던 엉기는 어느 날 문득 자신을 되돌아볼 틈조차 없이 살고 있는 스스로의 모습을 발견했단다. '나는 무엇을 위해 이토록 앞만 보고 살고 있나' 하는 생각이 강하게 들기 시작한 것이다. 긴 고민할 것 없이 회사를 그만두고 아무에게도 말하지 않은 채 시리아로 여행을 왔다고 했다. 여행을 끝낸 후에는 아프리카 가나에 가서 일할 것이라고.

안나는 네덜란드 출신의 의대생이었다. 도도해 보였던 인상과는 달리 안나의 꿈은 아프리카에서 제대로 된 치료를 받지 못하는 사람들을 위해 일하는 것이라고 했다. 곧 탄자니아로 의료 봉사활동을 간다고 부푼 얼굴로 이야기하던 안나의 얼굴을 잊을 수가 없다.

덴마크에서 온 실케는 고등학교를 졸업하고 대학에 들어가기 전,

시리아, 요르단을 여행하고 있다고 했다. 그의 꿈은 국제기구에서 일하는 것이었기 때문에 이번 여행은 그에게 살아 있는 국제관계 공부의 초석이 될 것이었다.

다마스쿠스에서 만난 이들 중에는 풍요로운 북유럽 및 서유럽에서 온 사람들이 많았다.

내가 한국에서 왔다고 하니 사람들이 물었다.

"한국의 삶은 어떠니?"

"전자, 통신 산업이 굉장히 발달해 있어. 그쪽으로는 최첨단을 걷고 있지. 하지만 삶은 많이 팍팍해. 모두들 굉장히 열심히 일하지만 제대로 쉬지는 못하는 것 같아."

"왜? 그곳의 분위기가 어떤데?"

"음… 나와 남을 끊임없이 비교하게 만드는 분위기랄까?"

"남과 비교하게 만드는 사회 분위기? 그게 어떤 건데?"

일본에서 온 미도리가 옆에서 '나는 그게 뭔지 알지'라며 쓴 웃음을 지었다.

"음, 쉽게 말해 우리나라의 전반적인 사회 분위기는 개인인 내가 원하는 삶을 사는 것보다 누가 봐도 잘난 삶을 사는 것에 더 높은 가치를 두는 것 같아. 부를 얻는 것과 사회적 성공이 바로 그 '잘난 삶'이지. 그래서인지 경쟁이 굉장히 심해. 나만 뒤처지고 있는 게 아닐까 하는 걱정을 항상 하게 해. 사람들은 끊임없는 남과의 비교를 통해 자신이 '잘' 살고 있는지를 확인하려 해. 내 옆의 누군가가 나보다 얼마나 더 많이 버는지, 얼마나 더 높이 올라갔는지 그리고 어떤 사람과 결혼을 하는지, 어떤 차를 타는지까지도 비교를 해."

미도리는 일본도 같다며 계속 고개를 끄덕인다.

자유경쟁사회에서 인간이 타인과 자신을 비교하는 것은 당연한 일이긴 하지만 한국 사회는 도가 지나칠 정도로 비교와 경쟁이 심하다고 생각했다. 초등학교 문을 들어서는 순간부터 아니, 일부의 경우 그 전부터 시작된 경쟁은 평생이 가도 끝나질 않으니까. 자녀를 낳으면 그 자녀를 경쟁의 장으로 밀어 넣고 채찍질을 하며 다른 부모와의 경쟁을 시작한다. '엄친아', '엄친딸'과 같은 단어의 등장은 사실 씁쓸한 한국 사회의 단면을 보여주고 있는 현상일지도 모른다, 한국 사람이라면 누구나 그 단어가 품고 있는 그 이면의 의미를 알고 있을 것이다.

'내가 원하는 것인가?'보다는 '남들보다 뒤처지지는 말자'가 우선이 되었다. 이러니 원하는 게 뭔지 생각해 볼 겨를도 없이 남들 뛰니까 너도나도 서둘러 뛰긴 뛴다. 그런데 우리는 무엇을 위해 그렇게 잘 쉬지도 못해가며 열심히 사는 걸까? 남보다 성공했다는 만족감? 이렇게 해야 남들보다는 뒤처지지 않고 표준대열에 서 있을 수 있다는 안도감?

이렇게 말하고 있는 나는 어떻게 살아온 걸까. 명문대를 졸업하고 사법고시에 합격한 나는 다른 사람들보다 앞서 있을까? 혹 나도 그 경쟁에 휩쓸려 우위에 서기 위해 이렇게 열심히 살아온 것은 아닐까?

다행히 지금까지의 나는 남에게 뒤처지지 않는 삶을 살고 있는지를 고민하면서 살지는 않았다. 대학 진학 때는 내가 관심 있었던 과를 지망했고 대학에 들어가서도 성적 때문에 안절부절 못해 하지 않았다. 관심 있었던 분야의 동아리 활동을 열심히 하고 학기 중엔 다양한 아르바이트를 해서 돈을 모으고 방학이 되면 내가 좋아하는 여행을 떠나며 비교적 자유롭게 살았다. 학과 성적이 그다지 좋지 않았는지도 모르겠다. 그러나 방학까지 학과 공부에 스펙 쌓기에 매달리는 것보다는 내가 하는 식의 대학생활이 훨씬 가치 있다고 생각했다. 그렇지만 학년이 올라가고 나이를 먹어가면서 주변 친구들의 고민과 함께 서서히 내 마음속에 자리 잡았던 불안감. 그것은 무엇이었을까?

그건 내 운명이야

레바논 북부의 발벡(Balbek)에서 수도 베이루트(Beirut)로 이동하는 미니버스 안에서는 아울라라는 친구를 만나게 되었다. 아울라는 영문학을 전공하는 대학교 4학년 여학생. 그날은 마지막 학기의 마지막 시험을 치르러 학교에 가는 중이었다. 중동에서 만난 현지인들 중에서 영어를 제일 잘하던 아울라. 발음도 좋고 말도 잘했다.

아울라의 꿈은 교수가 되는 것이라고 했다. 교수가 되려면 유학을 갔다 와야 한다고 하는데 여기엔 문제가 하나 있었다. 여학생이 유학을 가려면 아버지나 남편 혹은 남자형제와 동행해야 한다는 것이다. 아랍 문화상 남자가 동행하지 않으면 여학생은 유학도 갈 수가 없었다. 그래도 아울라의 베스트 프렌드는 런던에 유학 가서 의학 공부를 하고 있다고 했다. 남자 형제가 동행했기 때문이다.

아울라에게 넌 어떻게 할 거냐고 물었더니 자기는 할 수 있는 데까지 해 보겠지만 안 되더라도 그건 자기 운명이라며 쓴 웃음을 짓는다.

‘That's my destiny.’

그런 규율에 불만이 없냐고 묻자 다시 한 번 말한다.

“그게 내 운명이야.”

이번 학기가 끝나면 요르단 대학교의 한국어과에서 첫 졸업생을 배출하는데 졸업하는 네 명이 모두 여성이라고 했다. 현지인 한국어 교수가 필요하기 때문에 한국 측은 이들이 한국에서 대학원 공부를 할 수 있도록 학비와 집을 모두 제공하기로 했다는데 갈 수 있는 사람이 아무도 없었다. 남자가 동행하지 않기 때문이었다.

그리고 그들의 대답은 모두 같았다고 한다.

'That's my destiny.'

더 넓은 세상으로 나아가 빛을 발할 수 있을 똑똑한 학생들이 그냥 이렇게 묻혀버리다니 정말 안타까운 일이었다.

우리는 무엇을 위해 사는 걸까?
우리는 행복하다고 느끼며 살고 있을까?
자신의 삶에 만족하는 사람은 얼마나 있을까?

친절한 튀니지 사람들

튀니지는 북아프리카 지중해 연안에 위치한 나라로 알제리와 리비아 사이에 있다. 튀니지는 고대 한니발 장군이 활약했던 카르타고가 번영했던 곳이다. 그 후에는 로마, 반달, 이슬람의 지배를 받았다. 그래서인지 튀니지에서는 로마시대 유적부터 비잔틴, 이슬람 문화까지 세계사적으로 유명한 문명들의 흔적을 모두 만날 수 있었다.

현재도 대부분의 튀니지 사람은 아랍인이다. 1881년부터 1956년까지는 프랑스의 식민지였기도 했지만 독립 이후 집권한 하비브 부르기바의 개방화 정책으로 근·현대 유럽 문화의 영향도 많이 받았을 것이었다. 튀니지를 두고 "머리는 유럽에, 가슴은 이슬람에, 다리는 아프리카에 있다"라고 하는 이유도 이 때문이다. 이전에 여행했던 아랍지역과는 또 다른 분위기를 느낄 수 있을 것 같아 3주 동안 튀니지에 머물기로 했다.

튀니지를 거쳐 간 여러 문화와 지중해의 아름다움 때문에 많은 유럽 관광객들이 이곳을 찾는다. 관광업은 많은 외화를 벌어다주는 범국가적 산업이기 때문에 정부 차원으로 크게 장려하고 있는 듯했다.

내가 튀니지를 찾은 것은 5월 초였다. 보통 5월 말부터 성수기가 시작되기 때문에 아직 관광객이 많지 않았다. 더군다나 동양인은 특히 드물어 내가 길을 걸을 때면 다들 신기하게 쳐다보았다. 튀니지의 수도 튀니스에서 이틀을 보낸 뒤 남부의 토져로 이동했다.

프랑스의 영향을 받아서인지 튀니지의 분위기는 시리아나 요르단보다 자유로워 보였다. 술을 파는 레스토랑도 많았고 챠도르로 얼굴을 다 가린 여성은 거의 없었다. 히잡을 두른 여성도 소수에 불과했다. 기차에서 만난 대학생들에게 물어보니 튀니지에서는 여성들이 남성의 동행 없이 혼자 여행을 할 수 있다고 했다. 또 결혼 전에 이성교제도 가능하다고 했다.

튀니지의 남부 사막지대에서 베르베르인들이 살던 ksar. 현재는 사람이 살지 않지만 마을 할아버지들은 여전히 그 그늘 아래에서 담소를 나누신다.

튀니지 사람들은 정말 친절했다. 그 나라의 국민들이 친절한지 무뚝뚝한지는 기차나 버스에 배낭을 올리려고 할 때, 주변 분위기로 어느 정도 알 수 있다. 내가 매고 다니는 배낭은 내 신체사이즈에 비해 크고 무거웠다. 나중에는 너무 무거워져서 바닥에 내려놓았던 배낭을 혼자 매고 일어나지 못할 정도였다. 주변 사람의 도움을 받던지 혹은 의자나 테이블 위에 올려놓고 매야 했다. 누가 봐도 내 배낭은 굉장히 컸다.

네 인생을 독자 없는 소설로 만들지 마라

그런 배낭을 혼자 짐칸에 올리려고 할 때, 주변에서 그 어떤 도움의 손길도 없는 곳이라면 그곳 사람들이 대체로 무뚝뚝한 것이라고 보면 됐다. 물론 도와달라고 하면 도와주기는 한다. 오만, 볼리비아 등이 그랬다. 타인에게 별 관심이 없거나 수줍음을 많이 타는 국민성이 짙은 나라의 사람들은 참 무뚝뚝하게 보였다. 내 생각에는 우리나라도 여행객에게는 그런 분위기가 아닐까 싶다. 반면에 배낭을 벗기가 무섭게 여기저기서 도와주겠다고 다가오는 곳도 있었다. 시리아, 터키, 콜롬비아, 페루 등이 그랬고 이곳 튀니지 역시 그랬다. 내가 배낭을 벗자 맞은편 좌석에 그리고 저 뒤편에 앉아 계시던 아저씨들이 도와주시겠다며 다가와 어느새 배낭을 짐칸에 올려주고 계셨다. 내가 먼저 도움을 청하지 않아도 어느새 나를 돕고 있는 사람들. 튀니지가 그랬다.

한국에 돌아온 지 얼마 안 되었을 때의 일이다. 지하철역에서 목적지로 가는 방향 출구가 헷갈려서 허둥대고 있었다. 여행에서 돌아온 직후라 핸드폰도 없었기 때문에 검색도 할 수 없었다. 그때 개찰구를 통과한 내 눈에 보이는 것이 있었다. 그것은 바로 터치스크린 지도! 처음엔 그게 뭔지 몰랐는데 어떤 사람이 그것으로 검색을 하고 있어서 혹시나 하고 다가가 보고 알았다. 커다란 터치스크린에 손을 대는 것이 처음엔 어색했지만 터치 지도의 도움으로

출구를 제대로 찾아 가면서 '내가 없는 동안 한국이 이렇게 달라졌
구나. 참 편하다'라는 생각에 내심 뿌듯했다.

집에 돌아오는 지하철과 버스엔 사람이 많았다. 그런데 그 많은
사람들이 모두 하나같이 고개를 숙이고 손바닥에 들려진 작은 스
마트폰 화면을 들여다보고 있었다. 물론 내가 여행을 떠나기 전에
도 많은 사람들이 핸드폰으로 TV나 영화를 보고 문자를 보내긴 했
지만 이것과는 좀 달랐었다. 내가 여행을 다녀와서 그런 모습을 오
랜만에 보았기 때문에 어색했던 것일까? 모두 다 같이 고개를 숙
이고 작은 물건을 들여다보고 있는 사람들이 모두 이 버스가 아닌,
딴 세상에 가 있는 것처럼 느껴졌다.

스마트폰을 구입한 나 역시 곧 그 무리에 동참하게 되었지만.

여행을 다니는 1년 동안은 늘 사람들과 엮여 있었다. 길을 찾을 때
도 단어 뜻을 물어볼 때도 숙소나 식당을 추천받을 때도 언제나 눈
앞의 사람들에게 물었다. 나는 휴양을 위한 여행을 가는 것이 아니라
면 보통 숙소 예약을 하지 않는 편이다. 목적지에 가는 비행기나 기
차에서 가이드북을 보며 저렴한 가격 3위 안에 드는 곳 중 가장 평이
좋은 곳으로 정하는 식이다. 사람들에게 물어 물어 찾아갔다가 맘에
안 들면 근처에 있는 딴 곳으로 가면 된다. 때로 기차나 버스에서 만
난 사람들이 좋은 숙소를 추천해주기도 한다. 책에 나와 있지 않은

곳들 중에도 좋은 곳들을 이렇게 알게 되는 경우가 많다.

미리 숙소를 알아보고 예약하지 않는 것이 위험하다거나 혹은 더 귀찮은 일이라고 생각하는 사람들도 있겠지만 나는 숙소를 미리 정하는 것이 싫다. 나의 일상은 대부분 예측 가능하고 반복되기 때문에 여행을 할 때 맞닥뜨리는 불확실성이 좋은 것이다. 그래서 여행을 떠나는 것이고 여행에서만 만날 수 있는 순간순간이다. 물론 그렇다고 안전에 소홀하는 것은 절대 아니다.

아마 태어나 처음 갔던 외국여행에서 이런 습관이 생긴 것 같다. 여행지는 프랑스였다. 남부 니스에 저녁나절이 다 되어서 도착했는데 공항에서 시내로 나오니 해가 저버려 숙소를 어떻게 찾아야 할지 앞이 깜깜했다. 가이드북을 들고 버스정류장에 서계신 할머니께 어디에서 몇 번 버스를 타야 하는지 여쭈었다. 할머니는 내가 가려는 곳은 너무 멀고 언덕 위에 있어 오르기 힘들다며 그 근처의 다른 곳을 추천해주시겠다고 하셨다. 내가 할머니께 길을 묻고 있으니 근처에서 버스를 기다리던 사람들이 하나, 둘 모여들었다. 결국 버스정류장에 있던 사람들이 다 모여 우리 일행이 어느 숙소를 가면 좋을지 함께 이야기를 하고 있었다. 우리는 영어와 비행기 안에서 외운 몇 개의 불어 단어를 섞어 말하고 있었고 사람들은 불어로 말하고 있었는데 몸동작까지 섞으니 신기하게도 의사소통이 무난히 됐다. 모두들 왁자지껄하게 웃었다. 여행지에서 현지 사람들과의 그런 접촉은 나에게 참 신선하고 잊을 수 없는 경험이었다. 첫 여행지에서의 그런 감성이 마음에 깊이 새겨졌는지 여행을 떠날 때면 나는 늘 그때의 기분으로 길을 나서는 것이다.

토져로 향하는 기차 안에서는 내 옆에 앉은 아저씨 그리고 내 앞뒤의 대학생들과 이야기를 나눌 수 있었다. 옆 좌석의 아저씨는 불어와 아랍어만 했기 때문에 나는 단어 몇 개만 알고 있는 아랍어에, 여행용 불어책을 찾아서 거기에 손짓, 발짓 다 해가며 대화를 이어 나갔다. 아저씨가 불어를 가르쳐 주겠다며 내 불어책을 들고 한 문장 한 문장 읽어주며 뜻을 말해주고 자신의 발음을 따라해 보라며 발음연습까지 시켰다.

열심히 따라 하고 있는데 이번에는 뒤에 있던 대학생들이 말을 걸었다. 기계공학을 전공하는 대학교 1학년생들인데 이번 학기를 마치고 방학을 맞아 다들 집에 가는 길이라고 했다. 대학생들이라 그런지 영어를 잘했다. 애들이 배운다는 전공 교재도 보았는데 수학이나 과학 교재가 모두 불어로 되어 있었다. 국가공용어는 아랍어지만 천 만의 튀니지인 중 700만이 불어를 모국어처럼 말한다고 했다. 그러니까 대부분의 튀니지 인들은 아랍어과 불어. 두 개의 언어에 능숙한 것이다. 튀니지는 많은 유럽관광객이 찾기 때문

네 인생을 독자 없는 소설로 만들지 마라

에 관광지에는 3,4개국어를 할 줄 아는 사람도 많단다. 대학생들 중 한 여학생은 엄마가 러시아인이라서 아랍어와 불어, 러시아어, 영어 그리고 학교에서 배운 독일어까지 모두 다섯 개의 언어를 한다고 했다.

아저씨가 싸온 샌드위치를 나눠 먹으며 학생들이 찍은 엽기사진도 보고 한국 노래도 들려주다 보니 어느덧 밤이 다 지나갔다. 앞, 뒤의 대학생들 말고도 그 칸에서 대학생들이 한 여덟 명 정도 있었는데 다들 몰려들어 왁자지껄했다. 맞은편에 앉은 사람들도 몇 번씩 농을 던지며 다함께 웃었다. 아저씨와 아이들은 튀니지에서는 처음 만난 사람끼리도 이렇게 친해질 수 있다며 자랑스럽게 말했다. 튀니지 사람은 모두가 친구라면서!

생전 모르던 사람들끼리 열차의 같은 칸에 탔다는 이유만으로 친구가 될 수 있고 다 같이 웃으며 떠드는 분위기가 조성될 수 있다니 참 부러웠다. 그런데 내 즉석 친구들은 나를 부러워했다. 튀니지 사람들은 다른 나라 비자를 받기 어렵고 또 대부분의 사람들은 여행할 정도의 돈을 벌지 못하기 때문에 나처럼 해외여행을 하기란 꿈같은 이야기라고 했다. 언젠가 한국을 여행할 수 있었으면 좋겠다고 말하는 친구들의 말을 들으니, 이렇게 여행할 수 있는 기회를 가진 것에 다시 한 번 진심으로 감사하게 되었다.

한국 사람들은 참 똑똑해

목적지에 도착할 때쯤 한 여학생에게 '아랍문화권에서 여성이 남성의 동행 없이 여행을 하는 것이 불가능한 것은 바뀌는 게 좋지 않을까?'라고 말해보았다. 그랬더니 뜻밖에 여학생은 그 제도를 옹호하고 나섰다.

"아랍 남자들은 그만큼 여성을 보호하고 존중하는 거야. 아랍 남성은 결혼 후에는 부인 외의 다른 여성의 손끝 하나 건드릴 수 없어. 결혼 전에는 어떤 여성에나 그렇고."

"그렇지만 아까 너도 다른 나라로 여행을 가고 싶다고 했었잖아. 네가 남자 형제의 동행이 없어서 그렇게 할 수 없다면 어떨 것 같아? 아무래도 너는 배운 대로 그런 관습을 옹호하는 게 아닐까? 나도 그게 여성 보호적 관점에서 생겨났다는 것은 알고 있어. 그렇지만 지금까지 내가 만난 이슬람 문화권의 여성들은 혼자 여행을 하는 나를 부러워하고 또 그럴 수 없는 자기 처지를 안타깝게 생각하더라고. 또 아랍 남자들은 아랍 여성들에게는 그렇게 조심스러우면서 외국 여성에게는 아주 자유롭게 접근하기도 하고. 아랍 여성만 존중받아야 할 존재는 아니잖아. 좀 이중적인 것 같아."

그랬더니 그 여학생은 좀 화가 났는지 한동안 말이 없었다.

우리가 이런 대화를 나누는 동안 다른 한쪽에서는 한국에 대한 이야기를 하고 있었다.

"한국은 참 잘살아. 전자제품이나 차로 유명한 기업들 중 다수가 한국 기업이잖아."

"한국 사람들은 참 똑똑한 것 같아. 너희 나라는 전쟁도 났었고 못살았는데 지금은 그렇게 빨리 잘살게 된 걸 보면……."

"그러게 말이야. 동양인들은 머리가 좋은 것 같아. 동양인은 우리보다 똑똑하지."

"무슨 소리야?"

"솔직히 전자, 가전제품, 자동차 등등 세계 중요 무역품들이 다 일본이나 한국 기업 거잖아. 게다가 요즘엔 중국까지 합세했다고. 우리가 지금 쓰는 핸드폰, 냉장고, 컴퓨터, 자동차 등의 대부분이 동양 기업들의 것이야. 이걸 보면 알 수 있잖아. 동양인이 우리보다 더 똑똑하다니까?"

"그런 말이 어디 있어? 우리 튀니지 인이 더 못하다고? 주력 산업이 다른 것뿐이야."

"아니야. 우리는 동양인을 따라갈 수가 없어. 우린 머리가 나빠. 열등한 건 사실이야."

"어떤 민족이 다른 민족보다 우월하거나 열등하다는 생각은 좋지 않아. 우리도 열심히 하면 한국이나 일본처럼 될 수 있어."

"인정할 건 인정하란 말이야. 우린 아무리 열심히 해도 따라갈 수가 없어."

내가 끼어들었다.

"그렇게 생각하지 마. 민족 간에 우열은 나누지 않았으면 좋겠어. 튀니지가 프랑스의 식민지였던 것처럼 한국도 일본의 식민지가 되었던 적이 있어. 그때 일본은 '한국인은 무능하다'라는 견해로 자신들의 식민 지배를 정당화시켰었어. 말도 안 되는 이야기지. 그러니까 그런 생각은 하지 말자.

사실 한국이나 일본 사람들은 아주 성실하고 꼼꼼한 편이야. 그래서 기술과 경제적인 면에서 많은 발전을 이루었지. 우리는 서로 다른 지리적 특성과 문명, 종교, 문화를 가졌으니 민족성이 같을 순 없겠지. 너희도 너희 나라 사람들만의 장점이 있을 거야. 그걸 발전시키면 되는 거 아닐까?"

어떤 민족이 다른 민족보다 우월하다거나 열등하다는 것은 인종차별이나 제국주의, 식민주의를 정당화하려는 쪽에서 들고 나오는 주장이다. 식민지배의 경험이 있는 튀니지에서 그런 생각을 하는 젊은이를 만나니 마음이 무거웠다. 물론 많은 튀니지 젊은이들은 자기의 문화와 민족을 자랑스러워하는 자존심 센 이들이었다.

네 인생을 독자 없는 소설로 만들지 마라

그러나 대학에서 불어로 된 교재를 보고 집 안의 온 가전제품과 핸드폰, 컴퓨터, 자동차까지 한국이나 일본의 제품을 사용하는 많은 이들이 자칫 잘못하면 그 젊은이처럼 사대주의에 빠질 수도 있겠다는 생각이 들었다. 과거 식민지배의 역사를 가진, 현재의 준비되지 않은 국가의 세계화와 개방에 따른 불안함. 이 젊은이들은 꽃을 피우기도 전에 자격지심부터 갖게 되는 것은 아닐까?

몸으로 느끼는 문화 차이

기차에서 내려 숙소로 가는 길을 찾으려고 두리번거리다가 짐을 산더미만큼 지고 기차에서 내리는 남학생이 보이길래 달려가서 길을 물었다. 내가 찾는 숙소는 걸어가기에는 조금 먼 거리란다. 남학생은 택시를 타는 게 낫겠다며 택시 있는 곳까지 같이 가자고 했다. 걸어가면서 내 짐을 보더니 나를 도와주고 싶은데 자기도 짐이 많아서 그럴 수 없다며 미안하다고 했다.

 말이라도 고마워서 나는 "아냐. 넌 나보다 짐이 훨씬 많은데! 오히려 내가 널 도와주고 싶은데"라고 했다. 말을 마치는 순간 '아차' 싶었다. 아랍 남성들은 여성의 도움을 받는 것을 좋아하지 않기 때문이다. 아니나 다를까 "노! 노! 오 마이 갓!"을 연발하며 아주 기분 나빠했다.

아랍 남성들은 남자가 여자에게 돈을 내게 하거나 짐을 들게 하는 것을 엄청난 수치라고 생각한다. 일전에 시리아에서 내 버스비를 내주고 짐까지 들어주었던 월비도 그랬다. 고마움의 표시로 저녁을 사주려 같이 식당에 데려 갔는데 자기는 한사코 안 먹겠다고 하는 했다. 하는 수 없이 나 혼자 밥을 먹고 그는 옆에서 멀뚱멀뚱 앉아 있었다. 나중에 생각해보니 그는 내 차비를 내주고 남은 돈이 얼마 없었던 것 같다. 나는 당연히 그가 내 호의를 받을 것이라고 생각하고 함께 식당에 들어가서 주문을 한 것인데 그가 그렇게 나오니 나도 꽤 당황했던 기억이 난다.

루야지를 이용하다 보면 그 안에서 만난 현지인들과도 종종 대화를 나눌 수 있었다. 루야지는 튀니지의 대중 교통수단 중 하나로 도시와 도시를 연결하는 역할을 한다. 아프리카의 미니버스와 마찬가지로 승합차 정도의 크기인데, 사람이 다 차면 출발하는 시스템이다. 작은 마을에서는 출발 전 차장에게 돈을 지불하고 큰 마을에는 루야지 정류장의 매표소에서 표를 구입하면 된다. 나도 튀니지에서 이동할 때 루야지를 여러 번 이용했다. 루야지에 함께 탔던 사람들은 혼자 여행하는 동양 여자가 신기한지 이것저것 말을 붙이며 다가왔다.

가베스로 가는 루야지에서 만난 '카스라'는 대학교 1학년의 공학도였다. 네프타에 사는 남자친구를 만나고 집으로 가는 길이라고 했다. 결혼 전에도 이성교제가 가능한 튀니지! 카스라의 요즘 고민은 부모님과의 충돌이다. 변화를 받아들이지 않는 부모님과 요즘 매일같이 말다툼을 한단다. 특히 아버지와의 갈등이 심해서 남자친구가 있는 사실도 어머니는 아시지만 아버지는 아직 모르신다고 한다. 카스라는 아버지는 이성교제를 절대 이해하지 못할 거라며 얼굴을 찌푸렸다. 학교 다니는 동안에는 자유롭게 어디든지 다닐 수 있겠지만 졸업을 하고 나면 집 안에만 있어야 할 거라며 벌써 답답해했다.

카스라는 또 다른 고민을 하나 더 하고 있었는데 바로 '학교 졸업 후 무엇을 할까'였다. 현재 튀니지의 심각한 사회 문제는 일자리 부족이었다. 대학을 졸업해도 사람들은 카페에 앉아서 차 마시는 일밖에 할 게 없다는 것이다. 튀니지에서 고급 직종에 속하는 교사의 한 달 월급이 60만 원, 일반 노동자는 30,40만 원을 받을 정도로 봉급 수준도 매우 낮다. 그러나 물가는 그 정도의 월급으로 생활하기 힘들 정도로 비싸다. 일자리를 구하면 직장이라도 다닐 수 있지만 그러지 못할 경우엔 결혼할 때까지 부모님 밑에서 신부교육을 받으며 집에만 있어야 할 테니… 내다보이는 미래가 무척 답답하다고 했다.

타타원에서 스팍스로 가는 루야지에서는 학교에서 과학을 가르치고 있다는 한 여선생님을 만났다. 대화를 트자마자 또 종교에 관해서 물어왔다. 그때는 이 질문을 너무 많이 받아서 지쳐 있는 상태였다. 종교가 없다고 하면 또 신을 믿느냐 마느냐 하고 또 이것저것 물어볼 것 같아서 이번에는 그냥 불교라고 답했다. 그런데 웬걸. 차라리 종교가 없다고 하는 편이 더 나았을 뻔했다. 부처는 인간이지 신이 아니라며 신을 모시지 않는 불교가 어째서 종교로 분류될 수 있는지에 대해 문제를 제기해 오는 것이다. 고등학교 때 윤리 책에서 배운 것들을 떠올려보며 설명을 해 보았지만 복잡한 불교 교리를 다른 나라 언어로 설명하기는 힘든 일이었다.

"불교는 숭배하는 종교가 아니에요."

"어떻게 신을 숭배하지 않는 것을 종교라고 할 수 있냐고요."

전혀 이해할 수 없다는 그녀의 반응이 당황스러울 뿐이었다. 그녀가 생각하는 종교의 개념으로는 절대로 불교를 종교라 할 수 없는 것이었다.

동행이 없었던 튀니지 여행은 조금은 외로웠지만 반면에 현지인들과 친해질 수 있는 기회가를 많이 가질 수 있어 더 좋았다. 여행하며 느끼는 것들을 나눌 사람이 없었던 점은 조금 아쉬웠지만 말이다. 지나고 나서 생각해보니 현지인들과 많은 이야기를 나눌 수 있었고 의지할 게 나밖에 없어 더 적극적으로 길을 나섰던 뜻깊은 시간이던 것 같다.

한국이 제3세계라고?

토져에서 유명한 자연 관광지까지는 차를 타고 또 꽤 가야 했다. 혼자 갈 수는 없어서 보통 투어에 참가하기로 했다. 그러나 관광 비수기였기 때문에 내가 머무는 숙소에는 나 혼자뿐이었고 다른 숙소에 머무는 이들이 있으면 그들과 함께 투어를 갈 수 있다고 했다.

첫째 날은 아무도 간다는 사람이 없어서 그냥 토져 시내를 둘러보며 하루를 보냈다. 둘째 날은 다른 숙소에서 투어를 간다는 캐나다인 커플이 있다고 해서 그들과 함께 근교의 관광지에 다녀올 수 있었다. 투어를 함께한 것도 인연이고 해서 그들과 함께 저녁 식사를 했다.

그들은 캐나다에 살고 있는 20대 후반의 젊은이들로 남자는 세르비아계 청년이었다. 7년째 연애 중인 이 커플은 여행 다니는 것을 좋아해 매년 함께 여행을 다닌다고 했다. 둘 다 퀘벡 출신으로 영어와 불어를 모두 잘했다. 그래서 이들은 계속 불어를 알아듣지 못하는 나를 위해 투어할 때 운전사 아저씨가 불어로 하는 설명을 나에게 통역해 주었다. 여자는 대학에서 국제관계를 전공하고 대학원에 진학해 국제법을 공부 중이라고 해서 반가웠다. 또 올해 여름 이후에 남미에서 NGO 인턴으로 일하게 될 거라고 해서 더 반가웠다. 나도 국제기구에서 일하고 싶다며 불어와 영어를 모두 잘하는 당신이 매우 부럽다고 말했다. 그랬더니 그녀는 오히려 제3세계 언어를 할 수 있는 내가 부럽다고 말했다.

제3세계? 대한민국이 제3세계? 그랬다. 우리에게 대한민국은 세계의 중심일지 모르지만 캐나다인에게 한국은 제3세계였던 것이다. 슬프게도 영어를 사용하는 캐나다는 한국인에게 제3세계가 아님에도 불구하고. 순간, 머리가 띵했지만 티를 내지는 않고 대화를 계속 이어갔다.

어쨌든 요즘은 모두가 불어와 영어는 기본적으로 잘하기 때문에 UN 같은 국제기구에서 일하려면 그 외 국가의 언어를 잘하는 게 필요하단다. 중국어나 일본어, 아랍어 등을 공부하는 국제관계 전공의 친구들도 있다고 한다. 그러면서 자기가 불어와 영어를 다 하는 것이 큰 메리트가 되지는 않는다고 말했다. 이는 나를 매우 좌절케 하는 발언이었다. 물론 한국어를 하는 내가 영어와 불어를

네 인생을 독자 없는 소설로 만들지 마라

모두 다 하면 그건 아주 큰 메리트가 되겠지만 말이다. 머릿속에 좌절 표시 이모티콘이 '팍' 하고 그려지는 듯한 이 기분.

튀니지에서 만난 야신

튀니지의 남부 쪽은 사하라와 가까이 있어서인지 많은 남성들은 전통의상을 입고 있고 여성들은 머리와 온몸을 모두 가리고 있어서 보수적인 느낌이 강했는데, 스팍스와 마흐디아는 해안도시라 그런지 염색을 하거나 노출을 한 여성도 보이고 반바지를 입은 남자들도 많았다. 원래는 마디아에 하루만 머물고 바로 이슬람 4대 성지 중 하나인 카이로완(Kairouan)이라는 곳으로 가려고 했는데 막상 마디아에 도착해 보니 너무 좋아서 하루 더 머물기로 했다.

도착한 다음날, 아침을 먹고 나가서 메디나나 돌아볼까 어슬렁

거리고 있는데 한 남자가 다가왔다. 기념품 가게에서 아르바이트를 하는 청년이었는데 한 번 둘러보고 가라는 것이었다. 뭐가 있나 한 번 보기나 하려고 들어갔는데 아랍음악 CD가 눈에 들어왔다. 그동안 많이 들었던 아랍지역 음악을 소장하고 싶어서 하나 구입하기로 했다.

가격 흥정을 하고 둘러보다가 그 청년과 이런 저런 이야기를 하게 되었다. 이야기를 하다 보니 참 괜찮은 사람이라는 생각이 들었다. 그의 이름은 야신. 고등학교 경제 선생님이며 지금은 방학이라 친척의 상점에서 일을 도와주고 있다고 했다.

일단 영어가 통하는 사람을 만나서 반가웠다. 마디아에는 영어를 할 줄 아는 사람이 정말 드물었다. 카페에서도 숙소에서도 길에서 만나는 사람들에게도 영어로 말을 걸면 하나같이 고개를 내저었다. 그를 만나기 전까지는 여행 프랑스어 책의 도움을 받아 의사소통을 할 수밖에 없었다. 이야기를 하다 보니 어느새 두 시간이 흐르고 야신은 친구가 되었다며 내가 사려 했던 CD를 선물로 주었다.

반복되는 비극

사실, 야신과의 대화가 시작된 것은 그가 보여준 동영상 때문이었다. 그 영상은 우리나라에서 찍은 것이었는데, 명동에서 대학생들이 이스라엘 국기를 밟고 있었다.

며칠 전, 이스라엘이 팔레스타인 가자 지구로 향하던 다국적 구호선단을 공격해 19명의 사상자를 낸 사건이 있었다. 그 사건 때문에 당시 아랍권은 들썩이고 있었다. 어디서든 사람들만 모이면 모두 한목소리로 분노를 토했고 알자지라 방송은 계속해서 관련 뉴스를 내보내고 있었다. 아랍권은 물론 미국과 이스라엘을 제외한 세계가 분노하고 있었다. 그럼에도 불구하고 이스라엘 총리는 이 공격에 대해 지지를 표명해서 더욱 욕을 먹고 있었다.

참고로 나는 여행을 떠나기 전에 팔레스타인 문제에 대해 잘 모르고 있었다. 이스라엘, 팔레스타인 분쟁이라는 말은 많이 들어보았지만 그 원인은 잘 알지 못했다. 무식하게도 단지 '종교 때문에 그런 거 아닌가?'라고 생각하고 있었다. 이번 여행을 준비하기 위해 책을 찾아보다가 그 문제에 대해 자세히 알게 되었다.

1947년 UN 총회는 팔레스타인 영토를 유대국가와 아랍국가로 분할하는 안을 통과시켰고 1948년 팔레스타인 땅에 유대인의 나라 '이스라엘'이 건국되었다. 왜 유대인들이 팔레스타인 땅에 자기들의 나라를 세운 걸까? 유대인의 뿌리가 팔레스타인 땅에 있었기 때문이다.

팔레스타인에는 오랜 옛날 유대교를 믿는 민족의 왕국이 번성했었다. 그때는 각종 전쟁과 점령이 반복되어 일어났기 때문에 이 왕국의 유대민족도 이를 피해 이집트로 이주할 수밖에 없었다. 구약성서에는 이집트로 이주했던 유대인들을 다시 모아 팔레스타인 땅으로 돌아오는 모세의 이야기가 나온다. 그러니까 팔레스타인 땅은 성서에서 하나님이 약속하신 가나안 땅인 것이다. 이것이 기원전 1300년쯤의 일이다.

그 후 이 땅은 로마제국의 식민지가 된다. 유대인들이 식민통치를 받던 때 예수가 태어났고 기독교가 창시되었다. 만인평등을 외치는 예수의 추종자들이 점점 늘어나자 로마는 예수를 십자가에 못 박아 처형했다. 신약성서는 예수 부활 이후의 이야기이다. 기독교는 예수만을 섬기는 유일신 종교였기 때문에 다신교 체제를 취했던 로마는 기독교 신자들을 철저히 박해했다. 그러나 결국 기독교는 로마의 국교가 된다.

예수 이후 600여 년이 지나 무함마드라는 사람이 등장하는데 그가 이슬람교의 시조가 되었다. 무함마드는 구약성서에 나오는 이스라엘의 자손으로 결국 이슬람교는 유대교와 기독교의 계보에 모두 존재하는 종교인 것이다. 여호와와 알라는 어원이 같다. 신(God)은 오직 하나뿐인 존재로 유대교와 기독교에서는 여호와로, 이슬람교에서는 알라로 불린다. 이슬람교에서 무함마드는 신의 말씀을 전파하는 인간이며 기독교에서도 신은 여호와(하나님)이며 예수는 하나님의 아들로서 인간의 죄를 대신 속죄하기 위해 오신 구세주로, 성자 하나님으로 믿어진다. 기독교는 삼위일체설(성부, 성자, 성령이 하나)을 취하는 반면 유대교는 성부만을 믿는다는 것이 다른 점이다. 모세, 예수, 무함마드는 신의 말씀을 전하는 예언자로 유대교는 모세의, 기독교는 예수의, 이슬람교는 무함마드의 가르침을 받는다. 다만 위에서 말했듯 기독교에서는 예수가 신, 그 자신이라고 믿어진다. 결국 세 종교의 싸움은 누가 정통이냐 하는 것이다.

　이스라엘에 위치한 예루살렘은 그런 점에서 특별한 곳이다. 앞에서 말했듯 이집트를 탈출해 가나안에 도착한 유대인들의 성지(통곡의 벽)이자 예수가 생을 마친 곳으로서 기독교의 성지이며, 이슬람교를 창시한 무함마드가 기적을 체험했다는 곳에 세워진 오마르 사원이 있는 이슬람교의 성지이기도 한 것이다. 1096년에 터진 십자군 전쟁은 셀주크 투르크족이 이슬람의 새 강자가 된 뒤 기

방황은 아름답다

독교인들의 성지순례를 막기 시작해서 발생한 것이다.

이것이 이 지역의 종교적 배경이다. 그러나 이스라엘과 팔레스타인 분쟁의 원인은 현대에 발생했다. 유대인은 로마의 탄압 이후 유럽 각지에 퍼져 살아왔지만 하나님이 선택한 민족이라는 선민의식을 버리지 않았다. 유대인들은 유럽 사회에 흡수되지 않고 자신들만의 문화와 풍습을 고수했으며 많은 유대인들은 부지런한 민족성을 바탕으로 유럽 사회의 금융, 은행업에서 큰 세력을 차지하고 들었기 때문에 유럽인들의 미움과 차별을 받았다. 동유럽과 러시아에서는 유대계를 탄압하고 추방하는 '포그럼(Pogrom)'이라는 폭력사건이 발생하기에 이르렀고 그 이후 유대인들은 고대 유대왕국이 있었던 팔레스타인의 시온 언덕에 그들의 나라를 세우기 위한 '시오니즘' 운동을 시작했다. 그동안 유럽인들에게 받아온 설움은 바로 그들의 나라가 없기 때문이라는 생각에서였다.

그러던 중 제1차 세계대전이 발발한다. 당시 가장 강대국이었던 영국은 식민지인 인도를 넘어 아시아 시장으로 진출하기 위해, 20세기 필수자원인 석유를 확보하기 위해 중동지역을 장악해야만 했다. 1915년 같은 진영이었던 영국과 프랑스는 아랍 민족의 지도자와 '후세인 – 맥마흔 서한'이라는 비밀협정을 체결했다. 독일 진영에서 싸우고 있는 오스만 제국을 공격해 영국의 승리에 공헌하면

•
네 인생을 독자 없는 소설로 만들지 마라

종전 후 팔레스타인을 포함한 아랍 지역을 독립시켜준다는 내용이었다. 당시 아랍은 오스만 제국의 지배를 받고 있었기 때문에 영국의 제안에 신이 나 오스만 제국과 싸웠다. 그로부터 2년 후인 1917년, 영국은 유대인과도 '벨푸어 선언'이라는 비밀협정을 맺었다. 유대인들이 전쟁 자금을 지원해주면 팔레스타인 지역에 그들의 국가를 세우도록 돕겠다는 내용이었다. 또 영국은 같은 진영의 프랑스, 러시아와도 종전 후 중동지역의 분할지배에 대한 약속을 했다. 같은 지역을 두고 삼중계약을 한 것이다.

전쟁이 끝난 후 중동지역은 UN의 위임통치지역이 되었고 영국이 그곳의 관할정부가 되었다. 유대인이 유럽 금융계에서 막대한 힘을 가지고 있었기 때문일까. 영국은 셋 중 유대인과의 약속을 선택하고 유대인을 팔레스타인 땅으로 이주시키기 시작했다. 물론 아랍인들은 저항했다. 때마침 독일에서 히틀러가 나치 정부를 탄생시켜 유대인을 심하게 박해하기 시작했다. 게르만족의 우수성을 보여주기 위해 많은 유대인이 학살당했으며 많은 유대계 난민이 발생했다. 당연히 1930년대에 팔레스타인으로 이주하는 유대인이 폭발적으로 늘었다. 팔레스타인 지역에 살고 있었던 아랍인들은 황당할 수밖에 없었다.

수천 년 전 고대에 살았던 민족이 그 땅은 하나님이 자기 민족에게 주신 땅이라며 그곳에 자신들의 국가를 만들겠다니. 1937년에 팔레스타인에서 대규모의 폭동이 일어났고 그 이후로도 유대인과 팔레스타인인의 분쟁은 계속되었다.

제2차 세계대전이 끝난 후 UN에서는 팔레스타인 분할결의안을 의결에 부쳤다. 유대인들은 안전보장이사회의 거부권을 가진 미국에게 치열한 로비를 했고 미국은 이 결의안을 지지했으며 나머지 거부권을 가진 소련도 미국과 함께 이 결의안을 지지했다. 결국 1947년 11월 27일 UN 총회에서 팔레스타인 분할안이 통과된다. 유대 국가는 영토의 56%를, 아랍 국가는 44%를 차지하기로 하는 내용이다. 그 분할안의 내용은 비옥한 지중해 연안은 유대인들에게, 사막 지역은 아랍인들에게 주는 것이었다.

제1차 세계대전 이후 미국의 월슨 대통령이 주창했던 민족자결주의*가 중동에서는 아무 의미가 없었다. 아랍인들은 UN의 의결에 어떤 영향도 줄 수 없었기 때문이다. 자신들의 문제인데 강대국이 다 결정해놓고 일단 따르라고 한다. 어디에선가 많이 봤던 상황인데? 마치 광복 이후 우리나라의 신탁통치 결정안을 보는 듯하다.

---

* 민족자결주의 : 1918년 미국의 대통령 T. W. 월슨이 파리 강화 회의에서 제창한 14개 평화 원칙 가운데 식민지 처리 문제의 원칙을 밝힌 것으로, 어느 민족이나 자기 민족의 문제를 스스로 결정한다는 원칙.

네 인생을 독자 없는 소설로 만들지 마라

아무튼 아랍인들은 이때부터 미국을 싫어하기 시작했다.

1948년 팔레스타인으로 이주한 유대인에 의해 건국된 이스라엘은 팔레스타인의 아랍인들을 박해하기 시작했다. 마치 자신들을 박해했던 독일의 나치처럼 야만적인 살육을 시작했다. 이때부터 박해를 피하기 위해 팔레스타인인들은 보트를 타고 외국으로 도망쳤다. 마치 독일의 박해를 피해 도망쳤었던 유대인들처럼. 그때의 팔레스타인 난민은 100만 명에 달했으며 현재 이들의 숫자는 전 세계적으로 800만에 달한다고 한다.

팔레스타인이 분할될 때 무시를 당한데다가 그렇게 건국된 이스라엘이 아랍인들을 박해하자 화가 난 아랍인들은 중동전쟁을 일으켰고 또 한 번 많은 희생자가 나왔다.

세계의 패권국가인 미국의 지원을 받아 이스라엘은 점점 군사력을 키워 나갔다. 이스라엘은 꾸준히 자신들의 영토를 늘려갔다. 팔레스타인인들도 계속해서 저항을 했다. 그러나 미국의 지원을 받아 강력해진 군사력 앞에서 계란으로 바위치기나 다름없었다. 지금은 그렇지 않지만 초기에는 국제사회도 이스라엘의 폭력과 학살에 침묵을 지키고 있었다. 현재 남아 있는 팔레스타인 지역은 영국의 위임통치 시절의 10%에도 못 미치는 땅에 불과하다고 한다.

극단적인 주장과 행동이 힘을 얻는다. 팔레스타인의 젊은이는 폭탄을 달고 몸을 던지고 이스라엘은 이에 대한 보복으로 더욱 더 큰 폭력을 휘두른다. 미사일을 날리고 총을 난사한다. 그리고 더욱 많은 사람들이 죽는다. 이러한 폭력과 희생이 연쇄적으로 일어난다.

마음 속에 울분이 가득 찬 팔레스타인 청년은 나라를 되찾는 일이 아무리 가능성이 없어 보인다 하더라도 기꺼이 몸을 던졌을 것이다. 나라를 빼앗겼던 슬픈 역사를 가진 한국인의 입장에서는 더더욱 그 희생과 폭력이 진심으로 안타까울 뿐이었다.

야신의 집에 가다

야신은 마디아(Mahdia)에서 기차로 1시간 걸리는 거리에 있는 모나스티(Monastir)에 가볼 것을 추천했다. 모나스티에 가는 방법을 알려주다가 결국 같이 가게 되었다. 모나스티는 정말 아름다운 곳이었다. 아름다운 모스크(이슬람 사원의 첨탑)와 성채, 깨끗한 바다, 줄지어 정박되어 있는 요트들, 하얀 벽들과 파란 창문들… 경찰서도 슈퍼마켓도 모두 하얀 건물에 파란 창문을 가지고 있었다.

튀니지는 정말 다양한 얼굴을 가지고 있다. 북부는 지중해와 맞닿아 아름다운 바다를 볼 수 있고 북서부에는 푸른 산이, 남부에는

네 인생을 독자 없는 소설로 만들지 마라

야신과 친해져서 저녁에는 모나스티 근처에 사는 야신의 누나 집에 초대를 받아 다녀왔다. 사진은 야신의 누나 르쉐드 언니네 가족. 아이들 눈이 참 예쁘다.

사막이 있다. 가는 도시마다 다른 분위기를 풍겼다.

야신과 친해져서 저녁에는 모나스티 근처에 사는 야신의 누나 집에 초대를 받아 다녀왔다. 누나인 르샤드 씨는 야신과 같은 선생님, 형님은 공항 직원이라고 했다. 늦게 퇴근하는 아내를 위해 형님이 요리도 하고 집도 청소하고…….

이전에 여행했던 이슬람권 국가들과는 다른 모습이었다. 참고로 야신의 말에 따르면 개방되지 않은 알제리에서는 남편이 아내

방황은 아름답다

를 때릴 수 있으며 여성은 거리를 돌아다니지도 못한다고 한다. 리비아도 마찬가지라고 하던데, 튀니지에서는 그렇게 하면 난리가 난단다. 튀니지 사람들은 가족을 제일 중요시한다고 했다. 야신의 가족도 매우 행복해 보였다. 집 내부도 아기자기 참 예뻤다. 참고로 야신 가족은 중산층. 야신도 누나도 그리고 야신의 여자 형제들도 모두 튀니지에서는 고소득 직업인 선생님을 하고 있다. 두 분의 인상은 참 좋았고 친절했다. 아이들도 귀여워서 즐거운 시간을 보냈다.

특히 야신의 형님이 만든 브릭*은 정말 맛있어서 배가 터질 것 같은데도 두 개나 먹었다. 야신 형님은 브릭을 먹는 동안에도 샤크수카(우리나라의 찌개와 비슷한 음식)를 만들어주시겠다고 자꾸 권하셔서 거절하느라 혼났다. 브릭을 먹고 나서는 집 앞에 핀 분홍장미를 따다 주시고 복숭아도 주셨다.

르샤드 언니는 내가 못 하는 아랍어를 말할 때마다 웃으면서 예뻐해 주셨다. 야신의 누나 집 위층에는 야신 형님의 누나가 살고 있었는데 그 집에도 가서 음료수를 마시고 갓난아기도 보았다.

---

* 브릭 : 라마단 기간에 아침부터 낮 동안 굶고 해가 지면 먹는 음식으로 고기 없는 만두와 비슷하다. 내가 이날 먹은 브릭은 으깬 감자와 참치, 채소 등을 섞은 소를 얇은 밀가루 반죽으로 말아서 튀긴 것이었다.

네 인생을 독자 없는 소설로 만들지 마라

누나 부부는 자고 가라고 나를 붙잡았는데 너무 폐를 끼치는 것 같아서 거절하니 다음 날 꼭 다시 오라며 웃으셨다.

하마멧에서의 솔직한 하루

야신은 자신의 고향인 르케프(Le Kef)의 동영상을 보여 주었다. 갈지 말지 고민하다가 시간 문제로 가지 않기로 결정한 곳이었는데 동영상을 보니 마을이 너무 예뻤다. 다시 가기로 바로 계획을 바꿨다.

르케프에 간다고 하니 다음 날 야신은 자신과 함께 가는 게 어떠냐고 했다. 차를 렌트해서 함께 가자는 것이었다. 자신도 고향에 못 간 지 1년이나 되었다며 내가 가는 김에 같이 가면 좋을 거라고 했다. 내가 현지인들을 만나고 싶어 하니 고향에 가서 자신의 부모님과 친척들을 만나면 나에게도 좋을 것이고 자신은 가족들을 만나서 좋고 가족들 역시 기뻐할 거란다. 동행이 생긴다? 그것도 현지인? 좋은 경험이 될 것 같았다. 또 직접 차를 운전해서 가면 시간도 절약할 수 있으니 중간에 내가 가고 싶었던 하마멧(Hammamet)과 이슬람교의 3대 성지 중 하나인 카이로완, 빨간 지붕의 집들로 유명한 산속 마을인 아인드라함에 들를 수도 있었다.

결국 우리는 함께 여행을 떠나기로 했다. 자동차 렌트비와 기름 값은 반씩 부담하기로 했다. 야신은 운전면허를 취득한 지 1년이 채 안 되었기 때문에 내가 운전을 하고 야신은 옆에서 길을 알려 주기로 했다.

익숙하지 않은 신호체계에, 길도 모르고 아랍어로 적혀진 표지 판도 읽을 수 없어 답답했지만 야신이 옆에서 알려주어 다행히 사 고 한 번 내지 않고 운전을 할 수 있었다.

북쪽으로 계속 달려 첫 목적지 하마멧에 도착했다. 하마멧은 해 안 도시로 여름이면 관광객들로 몰리는 휴양지 중 하나다. 도착하 자마자 숙소를 정하려고 시내를 돌았다. 나는 차를 대고 밖에서 기 다리고 야신이 방이 있는지 없는지를 확인하러 갔다 왔다. 세 번째 숙소 앞. 야신이 밝은 얼굴로 뛰어왔다.

"방 있대!"

"그래? 얼마야?"

"50디나르(Dinar, 약 43000원)인데 40디나르로 깎았어!"

"왜 그렇게 비싸?"

"여긴 휴양지라서 그 정도 해. 그리고 더블룸인데 그 정도면 괜 찮지."

"뭐라고? 웬 더블룸? 내가 너랑 왜 같은 방에 묵어?"

네 인생을 독자 없는 소설로 만들지 마라

"같이 여행하는데 당연히 같은 방에서 자는 거 아니야?"

"잠깐, 같이 여행하는 거랑 같은 방에 묵는 건 다른 거지. 그게 왜 당연한 거야?"

"넌 내가 좋아서 함께 여행하는 거 아니니?"

"응. 난 네가 좋아. 친구로서. 넌 정말 좋은 애야. 그렇지만 이성적인 호감은 없어. 음… 하나만 짚고 넘어가자. 내가 너에게 애정 표현을 했니? 우리 사이에 어떤 성적인 대화가 있었나? 우린 지금까지 국제구호선단 사건과 팔레스타인과 이스라엘, 한국과 튀니지에 관한 대화만 나누지 않았어? 넌 왜 내가 너랑 같이 머물 거라고 생각했어?"

"……"

"내가 왜 너와 같이 여행을 떠난 거라고 생각해? 네가 고향에 간 지 오래되었고 혼자 대중 교통수단을 이용해 가기엔 시간도 오래 걸리고 복잡하다고 해서, 내가 가는 김에 차를 빌려서 직접 운전해서 가면 더 수월하니까. 그래서 나와 함께 가면 좋을 거라고 했잖아. 네 이유가 그래서 내가 너와 함께 가기로 결심한 거야. 그 말을 100% 믿은 내가 바보인 거니? 우린 동행자로서 함께 여행하는 거야.

네가 나를 이성으로 생각했기 때문에 과도한 친절을 베푸는 줄

진작에 알았다면 절대 너와 같이 오지 않았을 거야. 그렇지만 내가 만난 튀니지 사람들도 너만큼 친절했기 때문에 네가 다른 생각으로 호의를 베푸는 것이라는 생각하지 않았어. 너와 거의 이틀 동안 많은 이야기를 했고 너의 가족들도 만났지. 네가 바르고 사려 깊은 사람이라고 판단했고 나는 네가 나에게 이성적 호감이 있다고는 생각하지 않았어. 그동안 나도, 너도, 서로에게 그런 느낌을 준 적은 없는 것 같은데.”

잠시 동안 우리사이에 침묵이 흘렀다.

“내가 잘못 생각했다. 미안. 근데, 한 가지 물어보고 싶은 게 있는데… 너희 나라는 성적으로 자유롭지 않니?”

“성적으로 자유롭다? 그건 문화마다, 사람마다 다 다른 게 아닐까. 어떻게 알고 있는지는 잘 모르겠지만 한국 같은 경우는 성에 대해서는 쉬쉬하는 분위기야. 우리나라는 유교 문화권이야. 유교에서는 남녀가 유별하다고 해. 결혼 전 잠자리를 가지는 것에 대해서도 보수적이야. 결혼 전에는 몸가짐을 조신하게 해야 한다고 배우지. 요즘 젊은이들 중 일부는 자유로운 모습을 보이기도 하지만 어쨌든 내 나라 문화의 역사적 배경은 그래. 유교가 중국에서 전래되었고 일본에도 영향을 미치긴 했지만 한국, 중국, 일본 모두 성에 대한 문화는 다 달라. 그리고 사람마다 성을 대하는 자세도 다르지.

네 인생을 독자 없는 소설로 만들지 마라

그렇다면 나도 너에게 하나 물어볼게. 이슬람교에서는 여성을 존중한다며? 외국 여성은 예외니? 솔직히 지금까지 중동 몇 나라 여행하면서 기분이 상한 적이 여러 번 있었어. 모두가 그런 건 아니었지만 몇몇의 그런 사람들이 있었지. 어제도 숙소에 들어갔는데 일하는 남자가 나한테 대뜸 뽀뽀해달라고 하더라.”

“음, 나도 외국인은 모두 성적으로 자유로울 거라고 생각했어. 네 말을 들으니 내가 잘못 생각했다는 걸 알겠다.

나의 문화권의 일부 남성들이 이슬람 문화권 여성과 외부 여성에 대한 이중적인 잣대를 가진 것은 인정해. 튀니지는 덜 하지만 더 엄격한 다른 나라에서는 결혼 전엔 가족을 제외한 이성과 손을 잡는 것은 물론 이야기하는 것도 금지되어 있거든. 이성에 대한 호기심을 갖는 것은 자연스러운 일인데도 나의 문화권에서는 이성과 접촉할 수 있는 기회가 거의 없기 때문에… 외국 여성에게는 드러내놓고 호기심을 표현해보는 것 같아. TV나 영화에 나오는 외국인들은 모두 자유롭게 이성과 만나고 잠자리를 갖기도 하잖아. 물론 내가 처음에 너와 그런 의도로 친해진 건 아니야.”

“이해는 하지만 그 외국 여성 입장에서는 기분이 좀 상하네. 허허. 성적으로 자유분방하다는 것에 대한 가치판단은 개인에게 맡길 문제지만 ‘외국인이니 성적으로 자유분방할 것이다’라는 건 완전히 편견이야. 넌 그렇게 생각하지 않았으면 좋겠어."

우리는 웃으며 이야기를 마쳤고 각자 다른 방에서 숙박했다. 사이가 어색해질 수도 있었지만 우리는 그 일 이후로 오히려 더 친해졌다. 정말 다행이라고 생각했다.

르케프는 야신의 고향이다. 그의 모든 가족 및 친척들이 그곳에 살고 있었다. 야신 누나의 집에 하나하나 들러 차와 과자를 대접받았고 마지막으로 야신 부모님 댁을 방문했다. 야신은 자신의 방문을 어머니께 비밀로 해서 어머니를 놀라게 해 드리고 싶다고 했지만 이미 누나들이 귀띔을 해서인지 우리가 도착했을 때는 이미 어머니께서 준비하신 식사가 차려져 있었다. 차와 과자로 이미 배가 많이 불러 있었지만 어머니의 성의도 있고 음식이 맛있기까지 해서 배가 아플 때까지 식사를 했다. 어머니와는 말이 통하지 않아서 많은 대화는 할 수 없었지만 푸근한 인상에 마음이 따뜻해졌다. 어머니는 미리 아셨으면 선물을 준비해놓았을 거라며 미리 온다는 이야기를 하지 않은 야신을 꾸짖으셨다. 튀니지에서는 손님이 방문하면 선물을 하는 게 예의인데 우리가 갑자기 방문하는 바람에 선물을 마련하지 못했다며 아쉬워하셨다. 그러고는 어디선가 은목걸이를 가져와 내 목에 걸어주셨다. 어머니가 오랫동안 가지고 계셨던 것이라며 새것을 주지 못해 미안하다고 하셨다. 처음 만난

야신 어머니와 폴라로이드 한 장 찰칵! 어머니와는 말이 통하지 않아서 많은 대화는 할 수 없었지만 푸근한 인상에 마음이 따뜻해졌다.

외국인에게도 손님이라며 하나라도 더 주고 싶어 하는 그곳 사람들의 마음에서 따뜻한 정이 느껴졌다. 나도 뭔가를 드리고 싶어서 가족들을 모아놓고 즉석카메라로 사진을 찍어드렸다.

다시 마디야로 돌아오기 위해서 오랫동안 운전을 했다. 처음에는 튀니지에서 운전하는 데 애를 먹었다. 길 상태는 좋았지만 한국과 다른 점이 있었기 때문이다. 예를 들면, 도로에 신호등이 없고 알아서 양보하며 지나가야 했다. 거기다가 시내로 들어오면 골목들이 많았기 때문에 길을 모르면 운전하기가 매우 어려웠다. 또 알제리인들이 많이 넘어오기 때문에 경찰의 검문이 아주 많다. 마약을 운반, 유통하거나 기름을 불법 유통하는 알제리인들이 있기 때문이라고 한다. 나도 운전을 하면서 하루 동안에도 검문을 한 8번 정도 받았다. 돌아오는 길에는 경찰이 야신과 내가 함께 차에 타고 있는 것을 꼬투리 잡아서 뇌물을 대놓고 요구하기도 했다. 튀니지에서는 외국인과 현지인이 함께 여행하려면 허가가 필요하기 때문이란다. 경찰서에 허가를 받으러 갔었는데 그곳 경찰은 야신이 선생님이라 문제없을 거라며 그냥 가라고 했기 때문에 우리는 허가증이 없었다. 기가 막히게도 경찰은 40TND(약 35000원)를 요구해왔다. 야신은 이십 분 동안 해명을 했지만 결국 우리는 10TND를 경찰에게 주고서야 그 길을 지나갈 수 있었다. 도로 한복판에서, 그것도 경찰이 민간이에게 대놓고 뇌물을 요구하는 이런 요지경에 난 어이가 없었다. 야신 역시 화가 나 튀니지 경찰은 매우 권위적이라고 불평했다.

나에게 '외국인을 친구로 받아들이는 정 넘치는 나라'였던 튀니지가 '공무원이 대놓고 뇌물을 요구하는 이상한 나라'로 한순간 인식이 뒤바뀔 수 있는 일이었다.

네 인생을 독자 없는 소설로 만들지 마라

모로코 가죽 염색장 사람들

각종 책과 잡지 그리고 TV에 예쁜 색과 함께 소개된 바 있는 페즈의 가죽 염색장.

이 가죽 염색장을 보기 위해 페즈에는 관광객들이 몰린다. 모두 손으로 이루어지는 작업이기 때문에 해외 각종 명품 브랜드들의 가죽 제품은 페즈에서 염색이 된다고 하는데 정작 이 가죽 염색장에서 일하는 사람들은 하루 열 시간을 일해도 그 명품 가격의 오백분의 일이 안 되는 돈도 못 받는 실정이란다. 물에 잔뜩 젖은 동물의 가죽은 성인 남자도 혼자 들기엔 힘들 만큼 무거워 매일매일 강도 높은 노동이 이어지지만 정작 이들이 받는 임금은 기가 찰 정도로 적은 돈이었다. 모로코의 물가를 감안해본다고 해도 너무 적었다.

어쨌든 책과 인터넷에서 봤던 페즈 작업장의 사진은 매우 아름다웠기에 나도 기대에 차서 사진을 찍으러 이곳에 갔다. 붐비는 수크 거리를 지나 문을 통과하자 삐끼들이 접근하기 시작한다.

주변을 둘러보자 소년 한 명이 나에게 다가오는 것이 보였다.

"내 친척집이 바로 태너리 옆인데 같이 갈래?"

"응. 근데 나 돈 없어. 공짜면 갈게."

저 멀리 보이는 현수막에는 이와 같은 말이 적혀있다. '사진을 찍지 마세요! 우리는 사진을 찍혀도 아무것도 얻는 것이 없습니다.' 절박함이 느껴지는 이 현수막은 도대체 어떻게 된 영문인걸까?

소년은 흔쾌히 나를 데리고 골목 안으로 들어갔다. 그리고 곧 다른 남자에게 나를 인도했다. 좁은 골목을 돌고 돌아 그 남자가 나를 데려다 준 곳은 한 가죽용품점이었다. 계단을 올라 4층에 다다르자 가죽염색장이 한눈에 내려다보이는 넓고 큰 창이 보인다. TV에서 보면 그 장면이었다. 옳다구나 사진을 찍으려고 카메라를 꺼내는데 염색장에서 일을 하던 사람들이 내 쪽을 보고 두 팔을 좌우로 흔들며 소리를 지른다.

"노! 노! 노! 노 포토!"

그 목소리가 너무나 필사적이라 나는 카메라를 내려놓았다.

네 인생을 독자 없는 소설로 만들지 마라

이건 무슨 상황인 걸까. 염색장의 하늘에는 동서남북 어떤 방향에서도 아주 잘 보이도록 세 개의 현수막이 걸려 있었다.

'사진을 찍지 마세요! 우리는 사진을 찍혀도 아무것도 얻는 것이 없습니다.'

절박함이 느껴지는 이 현수막은 도대체 어떻게 된 영문인 걸까?

보통 관광객들은 가죽 염색장을 둘러싸고 있는 건물 옥상에 올라가 사진을 찍는다. 그 건물의 대부분은 가죽 용품 혹은 기념품 상점인데 관광객들은 이곳에 오르는 대가로 건물 주인이나 상점 주인 그리고 삐끼에게 돈을 지불한다. 가게를 방문하는 관광객들에게 물건을 팔 수도 있으니 상점 주인들의 입장에서는 '꿩 먹고 알 먹고'인 셈이다.

하지만 정작 염색장 인부들의 입장에서 보면, 찍히는 것은 자신들의 생활 터전인 염색장과 자신들의 모습인데 관광객들이 돈을 지불하는 대상은 주변 건물주와 상점주이니 화가 날 수밖에 없었던 것이다. 안 그래도 버는 돈이 얼마 안 되는데 관광객들의 주머니에서 나오는 돈은 염색장과 인부들이 아닌 건물주와 상점주에게 다 가고 있으니 말이다.

상점 주인은 그냥 무시하고 사진을 찍으라고 히히덕 거리며 관광객들 사이를 돌아다니고 있었다. 어떤 사람이 카메라를 들어

사진을 찍자 인부들은 일을 하다 말고 또 난리가 났다. 염색장의 인부들은 안 그래도 일거리가 많은데, 일하랴 사진 찍는 사람 감시하랴 사진 찍으면 온몸을 흔들며 욕하랴 아주 바빴다.

몰래 사진을 찍을 순 있겠지만 찍고 싶지 않았다. 나는 상대방이 원하지 않는 사진은 정말 찍을 수가 없었다. 누군가는 나에게 왜 그렇게 눈치를 보고 겁을 냈냐고 하겠지만 나는 겁을 냈던 게 아니라 정말로 마음이 불편해서 카메라를 들 수가 없었던 것이다. 결국 그곳에서는 사진을 한 장도 찍지 못하고 내려왔다. 그리고 다른 곳을 찾아보다가 다른 소년을 만나게 되었다.

"저 위에 올라갔었는데 염색장 사람들은 사진 찍는 거 너무 싫어해서 안 찍었어. 네가 말하는 곳은 괜찮은 거야?"

"응. 내가 말하는 곳은 염색장 사람들이 함께 일하는 곳이야. 가죽 말리는 곳인데 나도 거기서 일해."

이 사진은 그 옥상에서 찍은 사진이다.

솔직히 텔레비전이나 책에서 봤던 것처럼 염색장이 가까이에서 보이지 않았고 생각하던 사진을 찍을 수는 없었지만 마음은 편했다.

페즈의 가죽 염색장은 매우 유명하고 이것을 보러 많은 관광객들이 이 도시에 몰리고 있는 상황. 인부들이 단순히 관광객의 구경거리에 그치는 것이 아니라 페즈 관광문화의 주체로서 이익을

향유하고 관광객들과도 함께 어울릴 수 있는 여건이 마련되면 얼마나 좋을까?

나 홀로 외친 대!한!민!국!

모로코 서부의 어촌마을로 에사위라. 하늘 위엔 갈매기가 날아다니고 골목골목 생선 뜯는 고양이들이 어슬렁어슬렁 돌아다니는 평화로운 곳이었다.

7월 17일에 우리나라와 아르헨티나의 축구경기(2010 월드컵)가 있어 숙소에 짐을 내려놓자마자 TV를 볼 수 있는 곳을 찾아다녔다. 메디나 안에 숙소를 잡았는데 이 동네는 도대체 시장 여기저기 다녀도 TV 소리가 들리는 곳이 없었다. 우리나라 같으면 주점에서 맥주 한잔 하면서 축구경기를 볼 텐데 모로코는 이슬람 국가니까 주점이 없어 그럴 수도 없었다. 사람들에게 물어 TV가 있다는 큰 커피숍을 찾아갔다. 그럼 그렇지. 동네 할아버지, 아저씨, 청년들이 다 거기 모여 있었다. 바로 경기 시작 전.

입구에서는 내기 할 사람들이 모여서 돈을 걸고 있었다. 사람들이 바글바글해서 앉을 자리가 없길래 일하는 청년에게 의자를 가져다 달라고 해서 앉았다.

드디어 경기 시작됐다. 날 빼고 모든 사람들이 아르헨티나를 응원했다. 모로코 사람들은 아르헨티나 출신의 선수인 '메시'를 좋아하기 때문이다. 튀니지나 모로코에서 가장 인기가 높은 축구선수는 단연 '지단'이었다. 지단이 알제리 출신이라 그런지 북아프리카의 사람들은 지단을 굉장히 자랑스러워했다. 그 외에는 그냥 잘하는 선수와 잘하는 팀을 좋아하는 듯했다. 모든 사람들이 아르헨티나 팀을 응원하니 소외감이 들었지만 나도 지지 않고 한국을 외치며 응원했다. 전반전까지는 한국도 득점하고 좋았는데… 후반에는 눈물이 나왔다.

골 먹고, 또 먹고 도저히 역전 불가능한 점수가 되고 시간이 얼마 남지 않자, 내 앞에 있던 청년은 내 얼굴을 돌아보며 말했다.

"힘내, 지금 너희는 FC 바르셀로나쯤과 경기를 하는 거야."

우리나라가 경기에 진 것은 슬펐지만 환호하는 사람들을 보는 것은 즐거웠다. 커피숍에서 차를 마시면서 시끌벅적하게 축구경기를 보는 분위기는 색다른 재미가 있어서 나는 그 자리를 떠나기가 아쉬웠다. 맥주가 아닌 민트티를 마시며 보는 축구경기. 이 이색적인 분위기를 지금이 아니면 언제 만끽하리?

우리는 무엇을 위해 살고 있을까?

바르셀로나에 도착한 것은 7월. 한창 관광객들로 붐빌 시기였다. 사실 전에 3박 4일간 바르셀로나 여행을 한 적은 있었지만 그때는 유명 관광지만 찾아다니느라 정신이 없어서 제대로 그곳의 분위기를 느끼지는 못했었다. 사실 이번에도 바르셀로나에서는 4일간만 머물고 멕시코로 떠나 중미를 여행할 예정이었다. 그러나 바르셀로나에서 며칠을 보낸 후 나는 일정을 급변경해 바로 다음 날 멕시코로 떠나는 항공편을 취소하고 말았다. 민소매 티나 반바지는 생각도 못 했던, 그리고 어딜 가든 나를 쳐다보는 사람들의 시선 때문에 마냥 자유롭지만은 않았던 두 달 반 동안의 이슬람 국가여행. 그 후에 도착한 바르셀로나의 분위기는 너무나 자유로웠다. 반바지를 입고 거리를 걸어도, 길거리에 앉아 샌드위치를 먹어도 아무도 나를 쳐다보지 않았다. 여름을 맞아 시내 이곳저곳에서 벌어지는 각종 공연과 축제들. 늦은 밤 시원한 공기를 맞으며 야외 테라스에서 마시는 싸고 질 좋은 와인과 새로운 음식들.

바르셀로나에서 잠시 동안 머물기로 했다. 마침 바르셀로나에서 알게 된 지인을 통해 한 달간 살 집을 구하고 스페인어 학원도 등록했다. 집은 두 개의 건물로 되어 있었는데 다른 사람들과 부

스페인어 학원 수업이 끝난 뒤에는 친구들과 함께 바르셀로나 인근의 해변에 놀러가 꿀맛같은 여유를 즐겼다.

얼과 욕실을 함께 사용하는 플랫이었다. 본채와 별채 사이에 나무가 있는 작은 정원이 있다는 점이 마음에 들어 그 집에서 한 달간 살기로 결정했다.

그동안 여행하면서는 스페인어를 사용하지 않아 한국에서 배웠던 것들을 많이 잊어버린 상태였는데 학원을 다니면서 다시 떠올려 볼 수 있었다. 나와 같은 반이 된 친구들은 러시아, 프랑스, 브라질, 일본, 이탈리아, 스위스, 독일, 에티오피아, 폴란드, 벨기에 등 출신으로 마침 여름방학을 맞아 다양한 나라의 사람들이 학원을 찾았다. 여행 왔다가 스페인어를 배운다는 사람부터 그곳에서 일

네 인생을 독자 없는 소설로 만들지 마라

을 하기 위해 또는 스페인 사람과 결혼해서 스페인어를 배운다는 사람까지 그 목적도 다양했다. 학원 수업이 끝난 후에는 학원에서 만난 친구들과 어울려 거리를 돌아다니거나 공연을 보러 가거나 해변이나 공원에 가서 시간을 보냈다. 국적은 다양했지만 새로운 언어를 배우고 새로운 문화를 느낀다는 것에 동질감이 들었는지 다들 마음이 잘 맞았다.

바르셀로나는 여름이 되면 여기저기서 크고 작은 축제가 벌어진다. 각종 콘서트가 열려 밤이 새도록 춤과 음악으로 도시가 물들고, 지하철도 24시간 동안 운행을 했다. 어느 날은 다른 곳에 가던 중 근처 작은 공원에서 음악소리가 크게 들려오길래 그곳으로 발걸음을 돌렸는데 마침 동네 축제를 하고 있는 것이 아닌가. 밴드가 신 나는 음악을 연주하고 남녀노소를 불문하고 동네 사람들이 다 공원에 와서 즐기며 자기 추고 싶은 대로 춤을 추고 있었다. 무대 앞에서, 벤치 위에서, 맥주 파는 노점 앞에서, 다들 신 나게 춤을 추었다. 젊은이부터 할아버지, 할머니까지 모두 즐겁게 어울리는 모습이 보기 좋았다.

학원에서 배운 바에 의하면 스페인에서는 보통 끼니를 다섯 번 먹는다고 했다. 7~8시에 아침 식사, 11시쯤 점심 전 간식, 3시쯤 점심, 대여섯 시쯤 저녁 전 간식, 21~22시 사이에 저녁. 그래서였는지 내 패턴대로의 저녁시간 18~19시에는 레스토랑이 썰렁했고 밤이 되어서야 이곳저곳 식사를 하는 사람들이 많아졌었다. 내가 사는 집에는 일을 하고 있는 유럽 애들이 많이 살고 있었는데 그들은 9시에 출근해서 오후 1시까지 일을 하고 오후 1시부터 4시까지는 점심 시간이라서 아주 여유롭게 식사를 하고 해변에 가서 자거나 책을 보고 다시 일터로 돌아간다고 했다. 그리고 오후 4시부터 저녁 8시까지는 다시 일을 하고. 시에스타(오후 낮잠) 문화가 반영되어서 그런 것이겠지? 해가 긴 여름, 늘어지기 좋은 오후 시간 동안 휴식을 취하고 선선한 때 일을 하면 직원들도 여유 있는 오후 시간을 보낼 수 있어 좋고 회사 입장에서 생산성도 더 향상되지 않을까 하는 생각이 들었다. 우리나라에서는 그런 오후 휴식시간을 주지 않아도 저녁 8시 넘어서까지 야근하는 경우가 많은데… 여유 있는 오후를 보내고 일을 마치고는 가족이나 친구들과 어울려 식사를 하며 즐거운 시간을 보내는 그들의 모습이 부러웠다.

한국에서는 취업한 친구들을 만나려면 몇 주 전부터 날을 잡고 몇 번이나 약속 시간을 바꿔야 한다. 그렇게 해도 갑자기 하게 된 야근 때문에 약속시간에 늦거나 아예 오지 못하는 친구들도 있다. 평일에는 퇴근하고 집에 가서 피곤해 쓰러져 자면 하루가 다 가니 사실 누군가와 만날 약속을 잡는 것이 부담스럽다는 게 직장인 친

네 인생을 독자 없는 소설로 만들지 마라

때로는 자신의 삶과 세상을 한걸음 물러나 살피는 것이 필요하다. 사진은 모로코 셰프샤우엔. 언덕에 오르니 마을이 한눈에 들어온다. 내가 머물렀던 자리를 찾아보는 재미가 쏠쏠하다.

구나 선배들의 말이었다. 다니기 싫은 회사를 다음 달 낼 카드 값 때문에 다닌다는 한 친구의 넋두리가 생각났다.

여행을 하고 있던 도중에도 다녀온 후에도 여행하기 좋은 나라를 추천해 달라는 말을 많이 들었다. 아프리카, 중동, 남미 어디든 가고 싶다고들 말해왔다. 이 지역들을 여행하고 싶어 하는 사람들은 대부분 새로운 것에 대한 관심과 호기심이 많은 이들이라 좀 더 현지스러운 무언가를 경험하고 느끼고 싶어 하는데 직장인들에게는 추천을 해주기가 참 애매하고 어려웠다. 연휴에 연차를 다 합쳐도 열흘밖에 안 되는 그들에게 가는 데 하루가 더 걸리고 비행기

샀도 비싼 남미 여행은 시간 낭비, 돈 낭비였기 때문이다. 일을 그만두지 않는 한 그들이 원하는 여행을 하는 것은 거의 불가능했다. 여행을 하는 동안 한두 달 씩 여행을 하는 유럽인들을 많이 볼 수 있었다. 일 년에 4~8주 정도의 휴가가 보장되어 있고 그 휴가를 이용해 자기계발을 하거나 여행을 하는 사람들이었다.

우리는 무엇을 위해 사는 걸까?

우리는 행복하다고 느끼며 살고 있을까? 자신의 삶에 만족하는 사람은 얼마나 있을까? 역사적, 문화적 배경의 다름이나 민족적 성향의 차이가 있겠지만 얼마나 많은 돈을 버는지나 인터넷 보급률이 얼마나 높은지 등 수치를 떠나 자신 스스로의 삶의 질이 높다고 평가하는 국민들이 많은 나라가 진짜 잘사는 나라가 아닌가 하는 생각을 강하게 했던 시간이었다.

네 인생을 독자 없는 소설로 만들지 마라

Part 4

내게 일어난 모든 일은
내 삶을 변화시킬 수 있다

꿈을 꾸는 젊은이들의 눈은 진심으로 빛이 났다.
우리에겐 살아온 날보다 살아갈 날들이
훨씬 더 많이 남아 있으니까.
아직 '어떤 것'도 되지 않았기에
'무엇이든' 될 수 있는 푸르디 푸른 청춘이니까.

뭉쳤던 어깨가 말랑해지는 순간

비행기에서 내려보는 콜롬비아는 아름다웠다.

대평야가 펼쳐져 있었던 아프리카, 사막이나 돌산이 많았던 중동지역과는 달리 푸른 평야와 산, 크고 작은 호수들이 어우러져 있는 모습에 쌓인 피로가 한 번에 싹 풀리는 느낌이었다.

콜롬비아다! 내가 콜롬비아에 온 거야!

마드리드에서 콜롬비아 메데진까지는 총 10시간이 걸렸다. 콜롬비아까지 오는 비행기에서는 여행자로 보이는 사람들은 별로 없었다. 마침 옆 좌석의 사람이 음료를 주문하는 발음이 조금 어색하길래 스페인어에 익숙하지 않은 여행자인 줄 알고 동질감이 들어 말을 시켜 보았다. 그는 콜롬비아 여자와 결혼한 프랑스 사람으로 사실은 스페인어가 굉장히 유창했다. 그는 자신이 결혼하게 된 이야기며 콜롬비아의 지리와 문화에 대해서 이야기해 주었지만 내게는 그의 스페인어가 너무 빨랐다. 세 시간 동안이나 귀를 쫑긋 세우고 집중을 했지만 사실은 반도 못 알아들었다. 잘 못 하면 잘 못 한다고 말하면 될 것을… 알량한 자존심에 웃기도 하고 맞장구도 치고 때때로 시기적절하게 질문도 하면서 거의 다 알아듣는 척을 했기 때문에 콜롬비아에 도착할 때쯤에는 아주 피곤해졌다.

메데진에 도착해 짐을 찾고 환전을 하고 나니 저녁 7시였다. 문제는 스페인과는 달리 콜롬비아는 해가 빨리 진다는 것이었다. 이제 다시 배낭여행자로 돌아와 나는 돈을 아껴야 했기 때문에 택시를 탈 수 없었다. 오랜만에 아프리카와 중동에서 타던 마이크로버스를 탔다. 출발한 지 20분, 해가 지기 시작했다.

이제 막 남미에 도착했는데 첫날부터 어둠 속에서 숙소를 찾아 헤매야 하나. 그러다가 강도를 만나 다 털리는 건 아닐까. 남미여행을 하던 중 볼리비아에서 일몰 후에 숙소를 찾다가 옆에서 갑자기 들이댄 칼에 메고 있던 배낭을 통째로 내주었다는, 아프리카에

방황은 아름답다

서 만났던 한 지인의 경험담이 떠올랐다.

남미가 위험하다는 이야기를 하도 많이 들었기 때문에 초조해졌다. 공항에서도 의심스러운 이가 나에게 다가오지는 않을까, 누가 내 물건에 손을 대지는 않을까 눈을 돌려가며 내내 경계를 늦추지 않고 있었다. 버스 안에서도 초긴장 상태로 가방을 꼭 잡고 온몸이 뻣뻣하게 굳어서는 해가 늦게 지게 해달라고 기도를 하고 있었다.

그런데 그런 걱정이 무색하게도 그날 만난 사람들은 아주 친절했다. 버스가 정차하고 사람이 하나둘 내릴 때마다 불안해하는 나를 보신 옆자리 아줌마는 걱정하지 말라며 내가 내릴 곳에 도착하면 알려주겠다고 미소를 지으셨다. 기사 아저씨와 조수석에 탄 아저씨는 내가 찾는 호스텔에 어떻게 가는지 친절하게 설명해 주시더니 내가 버스에서 내린 다음에는 택시도 잡아주셨다. 버스에서 내려 택시를 타자마자 화통하신 기사 할아버지의 스페인어 강의가 시작되었다. 혀를 마구 굴려야 하는 스페인어의 R 발음이 안 되는 내 발음을 교정받다가 그만 웃음보가 터졌다. 웃음 때문인지, 긴장으로 잔뜩 뭉쳤던 어깨가 말랑해지기 시작했다.

다음 날 아침, 노랑 파랑 빨강 색색깔의 집들이 아기자기 모여 있는 호스텔 앞거리를 둘러보았다. 아침 식사로는 구운 바나나와 고소한 옥수수가루 전병도 먹었다.

　대륙에서 대륙을 이동했더니 보고 듣는 모든 것들이 새로웠다. 그래, 이곳은 완전히 새로운 곳이었다. 발로 땅을 디디고 시야로 들어오는 모든 것들이 모두 새로운 것들임에도 불구하고 나는 전혀 실감하지 못하고 있었던 것이다. 일순간 말랑해졌던 어깨처럼 내 마음의 빗장이 슬쩍 열리는 소리가 들렸다. 처음 여행을 시작한 그날처럼 설레기 시작했다.

축제의 한가운데에 서다

가는 날이 장날이라더니 내가 콜롬비아에 도착한 주부터 축제가 이어졌다. 도착한 주에는 모델 축제가, 그 다음 주부터는 메데진 꽃 축제가 열렸다. 메데진은 '꽃'과 '미녀'로 유명한 도시인데 마침 내가 머무는 기간에 맞추어 그 둘과 관련된 축제가 열린 것이었다. 꽃 축제 〈Feria de las Flores Medellin〉을 보기 위해 남미 각국에서 사람들이 모일 정도라고 했다.

　무려 1만 마리의 말이 꽃으로 장식된 채 행진하는 축제의 하이라이트가 있다고 하여 나도 시내에 나갔다. 입이 딱 벌어졌다. 진짜 말

1만 마리가 행진하고 있었다. 말만 행진하는 것이 아니라 1만 명의 사람들이 각자 말에 타고 행진을 하고 있었다. 그렇게 많은 말이 한 꺼번에 행진하는 것을 보는 건 처음이었다. 정신없이 카메라 셔터를 눌러댔다. 빨리 한 장이라도 더 찍어야 한다는 생각에 카메라를 놓을 수가 없었다. 그때, 갑자기 카메라 뷰어로 한 아저씨가 불쑥 들어왔다. 그는 나를 향해 열심히 손짓을 하고 있었다. 카메라를 내려놓고 올려다보니 날 부르고 있는 것이었다. 말에 올라타라고 하신다. 우물쭈물하다가 말 위에 타고 있는 모습이나 사진으로 한 장 남겨야지 싶어 말에 얼른 올라탔다. 아저씨는 내 머리에 카우보이 모자까지 씌워 주며 계속 행진을 하자고 소리쳤다. 졸지에 난 카우보이 모자를 쓰고 말을 탄 채 퍼레이드 행렬 속에 섞여 행진을 하고 있었다! 신이 나기 이전에 어리둥절 신기하기만 했다. 카메라 너머에 있던 행진 속에 내가 들어와 있었다. 아저씨를 따라 내가 손을 흔들면 사람들은 환호하고 박수치고 난리가 났다. 동양인을 보기 힘든 그곳에서 나는 완전히 스타가 된 것이다.

말에서 내려와 다시 걸어다니며 구경을 하는데 이번에는 계단식으로 크게 설치해 놓은 맥주회사 부스 쪽에 모여 있던 사람들이 입을 모아 우리 일행을 불렀다.

“꼬레아노스! 꼬레아노스!”

부스에 올라와서 어울려 같이 놀자는 것이었다. 흥이 난 김에 당장 그곳으로 가 사람들에게 술도 얻어 마시고 함께 춤을 추었다. 사람들은 음악을 다 같이 따라 부르며 신 나게 몸을 흔들어댔다.

그곳에서 나는 더 이상 카메라를 든 구경꾼이 아니었다. 내가 바로 축제의 주인공이 되어 분위기와 사람과 음악을 즐기고 있었다. 이보다 더 신이 날 순 없었다.

나는 평소 사진을 찍는 것을 좋아한다. 사진에 대해 따로 공부를 한 적은 없지만 내가 보고 경험한 순간을 남기면 그 후에도 다시 그 순간을 기억하며 그것을 누군가와 공유할 수 있다는 점 때문에 사진을 많이 찍는 편이었다.

이번 여행뿐 아니라 여행을 할 때는 매번 카메라를 세 개 이상 가지고 떠난다. 디지털카메라와 필름카메라 그리고 파노라마카메라까지. 거기에 이번 여행엔 비디오카메라까지 들고 왔다. 여행을 시작하는 순간부터, 나는 카메라를 손에서 놓은 적이 거의 없었다. 내 눈 앞의 어떤 장면도, 그 순간의 분위기와 감동을 잡고 싶어 연신 셔터를 눌러댔다. 그런데 언젠가부터 나는 무언가를 남겨야겠다는 강박관념에 사로잡혀 중요한 것을 잊고 있었다. 정말 남기고 싶은 것을 찍는다기보다는 무엇을 보아도 무조건 카메라를 들이대는 것이 습관이 되었던 것이다. 나는 완벽한 장면이 나오기만을 기다렸다. 구도를 바꾸고 셔터를 누르는 동안 내 머릿속은 오로지 더 나은 사진을 찍어야겠다는 생각뿐이었다. 그러다 보니 정작 내 가슴에는 아무것도 남지 않았다. 그리고 내가 찍은 사진에는 언제나 아쉬움이 남았다. 메데진의 꽃 축제에서도 마찬가지였다.

나는 축제 자체를 즐기기보다는 하나라도 더 남기려고 카메라 렌즈에만 눈을 들이대고 있었다. 말을 타보라고 내게 손짓하던 아저씨가 아니었다면, 함께 춤추며 놀자고 나를 부르던 사람들이 아니었다면, '오늘 사진 많이 찍었네' 하며 그날 밤도 컴퓨터로 그날 찍은 사진을 확인하며 사진품평회만 하다가 '아까 그 장면'을 놓친 걸 아쉬워하며 잠들었을지도 모른다. 전체를 보지 못하는 사람에게 장면이 무슨 소용이며, 눈앞의 것을 소중히 하지 못하는 사람에게 사진은 또 무슨 소용이 있을까.

나미비아 사막에서 산만한 사구에 올라 일출을 본 적이 있다. 정말 힘들게 모래 언덕에 올랐지만 감동을 느끼고 있지는 않았다. 사진만 찍고 있었으니까. 좀 더 멋진 사막의 일출을 찍기 위해 카메라에서 손을 뗄 수 없었다. 나에게 그 아침의 해는 카메라 렌즈 안에서만 존재했다. 지평선을 가르며 떠올라 어두웠던 하늘과 사막 그리고 나까지도 붉게 물들였던 해의 모습은 내 가슴속에는 남지 않았던 것이다.

내게 일어난 모든 일은 내 삶을 변화시킬 수 있다

돌아가지 않아

아바나에서 3시간 정도 떨어진 작은 마을 비냘레스.

말을 타고 과일, 향신료, 담배농장에 가보기로 했다. 말을 몇 번 타봤다고 하니까 말 주인 아저씨가 나보고 앞장서라고 해서 신 나게 가고 있었다.

그런데 갑자기 배가 아파오기 시작했다. 사실 아침을 먹고 나서 소화가 잘 안 되고 배에서 소리가 나 소화약을 먹은 상태였다. 곧 괜찮아지겠지 하면서 그냥 계속 갔다. 그런데 향신료 농장 근처에 도착해 말에서 내려 농장까지 걸어가는 동안 증상이 악화되기 시작했다. 갑자기 하늘이 돌면서 구역질이 났다.

'어제 같이 여행하던 미주가 같은 증세로 보건소에 갔었는데 그때 나도 약을 받아올걸.'

의료서비스가 잘되어 있는 쿠바의 보건소는 외국인에게도 주사와 약을 공짜로 제공하고 있었기 때문에 약을 받아오지 않은 것이 무척 후회되었다.

안내를 맡은 언니와 인사하고 통성명을 할 때까지는 웃을 수 있었는데 농장까지 걷는 10분 동안 눈도 풀리고 다리도 풀려 제대로 걷기가 어려웠다. 윗배가 미친 듯이 쓰려왔다. 이런 상황이니

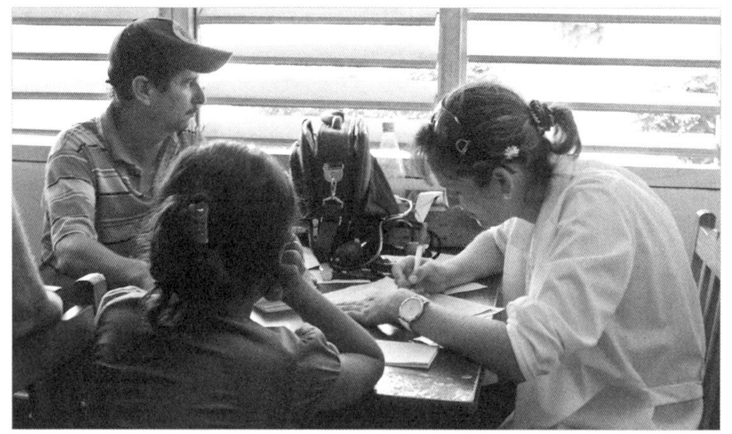

비냘레스에서 장염에 걸려 찾았던 보건소. 우리에게도 주사와 약을 공짜로 제공해주어 우리는 의료천국 쿠바를 제대로 느꼈다.

안내 언니가 무슨 이야기를 시작하든지 우리의 대화는 바뇨(화장실)로 끝이 났다.

이런 식이었다.

"비냘레스는 자연이 아름다운 조그만 동네이고 우리 농장에는 여러 가지 향신료들이 있고……."

"저기, 그런데 거기 화장실 있나요?"

"…이 농장에서는 여러 가지 향신료를 직접 맛 볼 수 있고요. 특히 모히또도 마셔볼 수 있는데……."

"저기요. 제발! 난 우선 화장실부터 가야겠어요. 제발……!"

내게 일어난 모든 일은 내 삶을 변화시킬 수 있다

농장의 화장실은 우리나라의 재래식 화장실과 비슷했다. 땀을 줄줄 흘리며 그 속에서 구토와 설사를 반복했다.

"Tengo dolor de astomago y diarrea. Me gusta mojito muchisimo pero, ahora……."

(위가 아프고 설사를 합니다. 모히또를 엄청 좋아하지만, 지금은…….)

'아, 하고 싶은 말도 다 못 하고 답답해 죽겠네!'

몸이 아파 정신이 온전치 못한데 주변에 영어를 하는 사람도 없었다. 영어 소리가 못내 그리웠다. 죽어가는 나를 보고 농장을 방문한 스페인 관광객들이 설사약을 주었다. 농장의 언니와 아주머니가 소화가 안 되거나 체했을 때 좋은 차라며 여러 가지 풀들과 레몬을 넣어 차도 끓여 내주었다.

화장실을 몇 번 왔다 갔다 한 뒤, 농장에서 준 차를 마시고는 다행히 몸이 좀 괜찮아졌다. 농장의 경치를 보며 1시간 정도 쉬었지만 말을 더 타고 담배농장까지 가는 건 무리인 것 같아 그냥 마을로 다시 돌아왔다. 마을에 거의 다 왔을 때쯤, 다시 배가 아파오고 구역질이 나기 시작했다. 아무리 구토를 해도 쓰린 위는 그대로였다. 오른쪽으로 누우면 위 오른쪽이 쓰리고 왼쪽으로 누우면 왼쪽이, 엎드리면 앞쪽이, 바로 누우면 등 쪽이 쓰렸다. 자세를 바꿔 봐도 똑같이 쓰리고 위액이 나올 때까지 구토를 해도 나아지지 않았다. 차라리 위를 들어내고 싶었다.

'그래도 몽골에서 아팠을 때보다는 덜하네. 이곳에서는 과일도 먹을 수 있고 샤워도 할 수 있잖아.'

그렇게 누워 있으려니 2년 전 몽골에 갔을 때가 떠올랐다. 당시 나는 사법시험 2차를 치른 후 무기력해진 몸과 마음에 자극을 주 겠다는 생각으로 한 달간 몽골 여행을 떠났었다. 그렇지만 나는 정 확히 열흘 만에 집으로 돌아오고 말았다.

사실 몽골 여행은 기대했던 것 이상이었다. 베이징에서 몽골의 수도 울란바타르까지 장거리 기차를 타고 갈 때만 해도, 울란바타 르에서 12시간이나 떨어진 시골에서 머물며 말 타기를 배울 때만 해도 나는 천국에 있다고 생각했다. 넓디넓은 초원에서의 하루 일 과는 자고 먹고 말 타고 낮잠 자고 또 말 타고 책을 읽는 일이 다였 기 때문이다! 근처에 온천이 있어서 밤에는 별이 쏟아질 것 같은 하늘을 보며 뜨거운 물에 몸을 담갔다.

승마는 처음 배우는 것이라 성인용 기저귀를 차고 옷 안에 수건 을 대고 탔어도 엉덩이는 다 까졌다. 그러나 끝이 보이지 않는 들 판을 말을 타고 달리는 일은 상상 이상으로 기분 째지는 일이었기 때문에 기꺼이 참고 탔다. 한번은 말을 타고 가던 중, 내 말 옆에 붙 어서 가던 말이 내 발 위에 뜨끈뜨끈한 똥을 한바가지나 싸서 나의 흰 운동화를 버려야 했지만 당시 나는 한창 신이 나 있었기 때문에 그 말이 귀엽게 느껴질 정도였다.

'귀여운 녀석, 걸으면서 똥을 싸다니. 후후' 하면서.

그렇게 즐거웠던 나날들이 캠핑을 떠난 지 하루 만에 악몽으로 변했다. 말을 타고 벌판을 달려 멀리까지 갔다가 돌아오는 2박 3일간의 일정이었다. 말을 타고 산도 넘고 시냇물도 건넜다. 캠핑 첫날, 강가에 텐트를 치고 밥을 지어 먹었다. 몽골 사람들이 강물을 떠다가 고기를 삶아 먹길래 다음 날 아침에 식수가 부족했던 우리도 강물을 떠다가 라면을 끓여 먹었는데 그게 화근이었다. 강으로 물을 마시러 오는 말과 염소들이 와서 물만 마시는 것이 아니라 똥오줌도 싼다는 사실. 나는 이 사실을 병에 걸리고 나서야 알게 되었다. 내가 강 옆에서 본 몽골 사람들은 강물을 직접 먹은 게 아니라 강물로 고기를 삶기만 했기 때문에 괜찮았지만 나는 강물로 라면을 끓여서 국물을 많이 마셨기 때문에 그 사단이 난 것이었다. 아침을 먹은 지 한 시간 만에 급성장염에 걸리고 말았다.

더 이상 말을 탈 수가 없었다. 처음에는 곧 괜찮아질 줄 알고 차로 바꿔 타고 캠핑을 강행했지만 곧 극심한 복통에 시달리게 되었다. 화장실이 따로 없는 초원의 사정상(우산 하나면 간이 화장실이 된다!) 텐트에서 멀리 떨어진 곳으로 마구 달려가 초원 한가운데에 쪼그려 앉아 밤새도록 눈물을 흘리며 밤을 보내야 했다. 결국 차로 12시간 떨어진 병원이 있는 마을에 도착할 때까지 아무것도 먹지 못한 채 구토와 설사만 반복했다. 그때쯤 되니 나는 쓰러지기 일보 직전이었다. 병원에 가서 수액주사를 맞고 바로 수도 울란바타르로 향했다. 주사를 맞은 후에도 나는 기진맥진한 채로 차창에 머리를 기대고 있었다.

당장 집으로 돌아가 가족들을 보고 싶었다. 냉장고에 있을 시원한 수박 생각이 간절했다. 몸이 약해지니 마음까지 약해진 것일까. 갑자기 눈에 눈물이 고였다.

몽골에서는 '푸르공'이라는 소련제 지프차를 타고 다녔는데 푸르공은 서스펜션이 없어 비포장도로를 달릴 땐 마치 영혼과 육체가 분리되는 것처럼 심하게 요동쳤다. 마침 눈물이 잔뜩 고여 꾹 참고 있는 그 순간, 우리의 푸르공은 가장 울퉁불퉁한 길로 접어들었다. 창문을 잡고 버텨보았지만 역부족이었다. 쾅 소리와 함께 머리가 천장에 세게 부딪혔다. 부딪힌 머리가 아프고 눈에 힘도 풀리고… 복합적인 이유로 서러움이 몰려왔다. 울음이 터져버렸다.

"으아앙!"

선글라스를 벗어 던지고 마구 울었다. 아무도 내게 잘못한 것이 없었지만 나는 서러웠다.

'이번 여행은 여기서 접어야겠다.'

이렇게 결심하면서 스스로 적잖이 놀랐었다. 몸이 아픈 것 때문에 무언가를 포기하겠다는 생각은 한 번도 해 본적이 없었기 때문이었다. 게다가 그렇게 좋아하는 여행을 도중에 그만하겠다는 생각이 들었다니. 며칠 만에 체중이 7kg이나 빠지고 입술은 다 터져 피가 흐르는 상태였다. 장염에 걸린 첫날만 해도 어서 회복하고 여행을 계속 해야겠다는 생각이었지만 완전히 체력이 바닥난 그때는 당장 집으로 돌아가고 싶다는 생각뿐이었다. 몸이 아프니 아무것도 할 수 없었으며 할 생각조차 들지 않았다.

울란바타르에 도착한 다음 날 바로 한국행 비행기 표를 사서 바로 한국으로 돌아왔다.

그리고 지금, 쿠바 비냘레스에서 나는 다시 간절히 집 생각을 하고 있었다. 엄마가 끓여주는 흰 죽과 내 배를 쓰다듬어 주는 엄마의 약손이 생각났다. 한국에 있는 사람들이 너무 보고 싶었다. 가족과 친구들의 얼굴이 하나하나 떠올랐다.

아플 때면 집이 생각나는 것은 당연하지만 이번엔 몽골에서처럼, 여행을 그만두고 한국으로 돌아갈 수 없었다.

사실, 돌아가야겠다는 생각은 전혀 들지 않았다. 우선 몽골에서만큼 아픈 것도, 몸 상태가 나쁜 것도 아니었고 원래 계획했던 여

행은 330일인데, 이제 한국을 떠난 지 일곱 달밖에 안 되었으며
내 인생에서 다시 그런 장기간의 여행을 할 수 있는 날이 오기는
힘들 것이었다. 또 여행의 남은 부분은 가장 기대했던 남미 지역
이었다.

어깨에 멘 배낭이 원래 무게보다 훨씬 무겁게 느껴져도, 잠자리
를 옮겨 다니는 생활이 피곤하게 느껴져도 매일 아침 눈을 뜨면 다
른 풍경이 펼쳐졌기 때문에 견딜 수 있었다. 여행은 언제나 내 상
상을 초월하는 것들을 가져다주었고 굳어져 있던 내 생각의 틀을
깼다. 그래서였다. 말할 수 없이 아프지만 돌아가야겠다는 생각은
들지 않았다.

나는 지금 쿠바 비냘레스라는 마을에 있는 어느 까사의 침대 위
에 누워 있었다.

'곧 낫겠지 뭐.'

그렇게 다시 마음을 먹고 3시간 정도 자고 일어났더니 몸은 씻
은 듯이 다 나아 있었다. 그날 저녁, 나는 다행히 6000원짜리 랍
스터 요리를 다시 한 번 먹을 수 있는 기회를 놓치지 않을 수 있
었다.

함께하면 즐거움이 200%

쿠바에서 다시 콜롬비아로 돌아온 후에는 사실 콜롬비아의 남쪽
에 있는 에콰도르로 이동할 생각이었다. 그런데 콜롬비아의 수도
보고타에서 머물던 중 생각이 바뀌었다.

'스페인어 공부를 하고 싶은데 여기서 좀 더 머물까?'

마침 내가 머물던 호스텔에는 보고타의 대학생들에게 스페인
어 개인지도를 받을 수 있는 연계 프로그램이 있었다. 앞으로 여행
할 수 있는 기간이 4개월 정도밖에 남지 않아 고민이 되었지만 언
제 또 원어민에게 스페인어 개인지도를 받아보겠나 싶었다. 보고
타에 3주 더 머물며 남미 여행 계획도 세우고 스페인어 공부도 조
금 더 하기로 결정했다.

또 이 보고타의 호스텔에서는 이후 3개월간 남미 여행을 함께
하게 될 일행도 만날 수 있었다. 나처럼 1년 여행을 계획하고 중국
에서 출발해 동남아시아-호주-뉴질랜드를 거쳐 남아메리카 대륙
에 첫발을 내딛은 영국인 다미안, 멕시코에서부터 여행을 시작해
과테말라-베네수엘라 등을 거쳐 콜롬비아에 온 주연 언니가 바로
그들이었다. 다미안은 나와 비슷한 시기에 여행을 시작해서 여행
한 지 일곱 달, 주연 언니는 세 달 정도 되어서인지 모두들 장기여

행자의 포스를 풍기고 있었다.

"나도 오늘 막 보고타에 도착했어!"

"너도?"

"나도!"

우리는 모두 같은 날 보고타에 도착해 같은 호스텔에 묵게 되었다는 사실 하나로 마음이 맞아버렸다. 또 이후 서로 여행계획을 이야기하다 보니 앞으로 여행을 하려는 경로나 일정이 비슷했다. 심지어 보고타에서 머물며 스페인어를 배우겠다는 계획까지 같았다.

처음엔 몇 달씩 함께 지낼 동행을 만들 생각은 없었다. 아니, 일부러 만들지 않으려고 했다. 혼자서 여행을 하거나 그날그날 우연히 마음 맞는 사람을 만나 함께 다니는 방식에 이미 익숙해져 있었고 또 그런 것이 편했기 때문이었다. 일부러 동행을 찾는다거나 일정과 경로가 비슷하니 함께 여행하자 하는 식으로 잘 알지 못하는 타인과 일행이 되고 싶지는 않았다. 혹시라도 마음이 안 맞으면 그 여행은 지옥으로 전락해 버릴 수 있기 때문이다. 나는 인복이 많은 것인지 언제나 함께하면 즐거움이 200%가 되는 동행들을 만나왔지만 덜컥 몇 달간 함께 여행하자고 약속하는 건 역시 부담스러운 일이었다.

다미안도 주연 언니도 모두 같은 생각이었을 것이다. 그런데 머릿속으로 내린 예상과는 달리 보고타에서 3주를 지내는 동안 우리는 급속도로 친해졌다. 꼼꼼한 다미안과 여유 있는 주연 언니 그리고 나. 우리는 매일 밤 '영국vs한국' 탁구대회를 열어 맥주 내기를 하고 재미있는 미국 드라마를 함께 보기도 하고 한국 식재료를 파는 한국 슈퍼마켓에도 함께 갔다. 두세 명이 샤워를 하고 나면 뜨거운 물로 샤워를 할 때까지 몇 십분은 기다려야 하는 호스텔에서 우리는 '너 먼저'를 외치며 누가 먼저랄 것도 없이 샤워를 할 기회를 양보했다. 매일 아침 눈을 뜨자마자 가장 처음으로 마주치는 얼굴들. 어느 순간 하루를 함께하지 않으면 이상한 기분이 드는 지경에까지 이르렀다.

보고타에서 내게 스페인어 지도를 해준 선생님은 산 안데스 대학 4학년인 앙헬라였다. 한국과 바르셀로나에서 스페인어를 좀 배워둔 상태였기 때문에 앙헬라에게는 나머지 문법 부분만 좀 더 배웠다. 앙헬라는 매일 스페인어로 일기를 쓰는 숙제를 내 주었다. 1대 1로 틀린 부분을 지적하고 고쳐주니 스페인어 공부에 큰 도움이 되었다. 처음엔 초등학생 수준의 일기를 쓰던 내가, 나중에는 일기에 농담도 써서 앙헬라를 웃게 만들기도 했다.

나를 가르치는 앙헬라 말고도 다미안과 주연 언니를 가르치는 타티아나, 그녀의 친구 파트리시아가 있었는데 우리 모두 다들 나

이가 비슷한 또래여서 수업이 끝나고 나면 자주 어울렸다.

하루는 주연 언니와 내가 굴 소스 볶음밥을 만들어 모두에게 대접했다. 그랬더니 다음 날은 앙헬라가 콜롬비아식 아침 식사를 직접 만들어주었고 그 다음 날은 다미안이 영국식 아침 식사를 만들어 주었다. 그렇게 아침, 점심 식사 경연이 계속되어 나와 주연 언니는 찜닭과 불고기까지 만들어 내기 시작했다. 그렇게 다 같이 만든 음식을 먹고 웃고 이야기하면서 정이 쌓이고 쌓여갔다.

내게 일어난 모든 일은 내 삶을 변화시킬 수 있다

술에 취한 어느 밤에는 다 함께 미래에 대한 이야기를 하기도 했다. 세계 어딜 가든 20대 젊은이들의 '뭐 해 먹고 사나' 걱정은 다 같은 모양이었다. 지구 반대편의 내 동갑내기 친구들 역시 나와 같은 고민들을 하고 있었던 것이다.

어두운 취업 이야기는 잠시 접어두고 꿈에 대한 이야기를 꺼내기 시작하면 아이들의 눈은 빛나고 입가엔 미소가 드리워졌다. '내 꿈은~'으로 시작하는, 친구들 각각의 꿈 이야기는 말하는 사람도 듣는 사람도 모두 행복한 기운에 취하게 했다.

꿈을 꾸는 젊은이들의 눈은 진심으로 빛이 났다. 우리에겐 살아온 날보다 살아갈 날들이 훨씬 더 많이 남아 있으니까. 아직 '어떤 것'도 되지 않았기에 '무엇이든' 될 수 있는 푸르디 푸른 청춘이니까. 다양한 꿈을 꾸는 다양한 젊은이들과 함께하는 시간, 국경과 인종을 초월한 그 시간은 여행의 즐거움을 200%로 채워주는 힘이었다.

A holiday on a holiday!-1

"미국이라고?"
"그래. 미국."

콜롬비아 북부의 작은 해안 마을 타강가. 언덕 위 호스텔 옥상에서 무지개빛 해먹에 늘어져 노을을 감상하고 있는데 다미안이 말했다.

"웬 미국?"

"플로리다에 집이 있거든. 다음 주가 부모님 생신이라서 그때 맞춰 부모님이 거기로 오시기로 해서 나도 갈까 말까 생각 중이었는데… 콜롬비아랑 가깝잖아. 비행기 표도 싸다고 하고… 어때? 같이 가서 휴가 보내지 않을래?"

영국의 중산층들은 플로리다에 집을 사 놓고 휴가를 보낸다고 하던데 다미안네도 그런 모양이었다. 다미안의 집에서 지낼 테니 일단 열흘 동안 숙박 걱정은 없었다. 다미안은 계속해서 우리가 보내게 될 달콤한 나날들에 대해 들려주었다.

"매일 아침 어머니가 굽는 쿠키 향기에 일어나 한가로운 조깅을 하고 돌아오면 갖가지 시리얼과 빵으로 아침 식사가 준비되어 있을 거야! 낮에는 수영장에서 노닥거리거나 해변에 나가 놀 수도 있고 디즈니 월드에 가 볼 수도 있고. 매일 저녁은 스테이크일걸? 밤에는 아버지께서 칵테일을 만들어 주실 텐데 그럼 우리는 그 칵테일을 들고 수영장에서 시원하게 칵테일 파티를 즐기는 거야!"

말만 들어도 설레는 꿈같은 날들이었다.

그런데 미국에 가면 그곳에서 열흘이나 머물게 될 텐데 이제 한국으로 돌아가기까지 세달 남짓한 시간밖에 남지 않은 것이 문제였다. 원래 남미만 여섯 달을 여행할 계획이었는데 여기까지 오는 중간 중간에 마음 가는 곳에서 더 머물다 보니 남미의 시작인 콜롬비아를 떠날 때쯤 되자 남은 시간은 고작 3개월뿐. 안 그래도 부족하게 느껴지는 남은 시간이 미국에 가게 된다면 더 부족하게 될 것이다.

어떻게 하면 좋을까? 고민을 하고 있었지만 난 내 마음은 이미 알고 있었다.

'따뜻한 곳으로 가고 싶어. 원할 때는 언제든 더운 물로 씻고 싶어. 폭신한 침대에서 혼자 잠들고 개운하게 눈뜨고 싶어. 짐 싸고 짐 풀기는 잠시 쉬고 싶어.'

이런 생각은 주연 언니도 마찬가지였다.

"가자! 미국으로!"

호스텔을 전전하며 더운 물로 샤워하기 위해 시간 맞춰 기상해야만 했던 우리들의 지친 생활에 한 줄기 빛이 비춰지고 있었다.

다미안은 우리의 미국행을 이렇게 표현했다.

'A holiday on a holiday!'

휴가 중의 휴가! 여행 중의 여행!

내가 지금 하는 이 여행이 내 일생에 길이길이 남을 휴가인데, 그 여행 속에서 또 휴가를 떠난다! 언제 또 이런 걸 해보겠는가. 진정 멋진 일이 아닐 수 없었다.

가기로 결정한 이상 오늘 안에 해결하자!

나 같은 덜렁이도 바짝 꼼꼼해지는 때가 있었다. 우리 셋은 각자의 노트북을 붙들고 숨 막히는 검색전을 펼쳤다. 당장 플로리다로 가는 비행기 표를 사야 하니 경로와 예산을 짜야 했기 때문이다. 아무래도 비용이 가장 중요했다. 여기에서 저기를 어떻게 갈 것인지, 저기에서 거기는 또 어떻게 갈 것인지. 교통수단의 종류, 회사, 가격이 천차만별로 많아서 경로를 짜다 보니 말도 안 되는 것들을 쳐내고도 그 조합이 열댓 개가 나왔다. 그래도 셋이 머리를 맞대니 훨씬 수월했다. 누군가가 아이디어를 내면 셋이 각자 다른 사이트에서 가격을 검색하고 그럼 나는 그것을 표로 정리했다.

어떻게 하면 시간과 돈을 더 절약할 수 있을까.

그날그날 잠을 잘 숙소를 찾을 때는 예약은커녕 그냥 아무 곳이나 저렴하면서 심하게 더럽지는 않은 곳을 찾아 몸을 뉘이던 우리였지만 이 순간만큼은 여행사 직원이 되어 꼼꼼하게 비교하고 견적을 뽑고 있었다.

이리저리 머리를 굴리던 우리는 결국 네 시간 만에 플로리다 행

비행기 표를 살 수 있었다. 경로를 정하고 나니 일이 일사천리로 진행되었다. 우선 미국비자를 받고, 비행기 티켓을 샀다. 다미안은 우리들에게 플로리다를 보여주겠다며 신이 나서 그곳에서의 일정을 짜기 시작했다. 놀이동산과 해변, 아울렛 그리고 다미안 부모님의 생신파티.

어릴 적 꿈꿨던 디즈니 월드나 미국 드라마에서 본 플로리다에 대한 막연한 기대보다 나를 더 설레게 했던 것은 숙소를 옮겨 다니지 않아도 되고, 개인 욕실에서 샤워를 할 수 있을 거라는 그 사실 하나였다!

우리의 아메리칸 드림은 과연 어떻게 실현될 것인가?

쯧쯧, 미국인들이란…

미국으로 가는 비행기 안, 뒷자리에서 계속해서 말소리가 들려왔다. 옆자리에 앉게 된 인연으로 이제 막 말을 튼 젊은 미국인 커플과 콜롬비아 남자가 대화를 나누고 있었던 것.

잠 좀 자면서 가려고 했는데 적어도 한 시간은 이야기를 나눌 기세였다. 이어폰을 꽂으려고 보니 MP3가 충전이 되어 있지 않아 소용없었다. 하는 수 없이 앞자리에 앉은 나는 눈을 감은 채로 그들의 대화를 경청해야 했다.

"영어를 굉장히 잘하네요. 미국인인가요?"

"아니요. 콜롬비아인이에요. 그쪽은 여행하고 돌아가는 건가요?"

"네. 우린 한 한 달 정도 콜롬비아를 여행을 했죠."

그들은 사는 지역에 대한 이야기를 한참 나누었다. 그러다 뜬금없이 미국인 남자가 콜롬비아 남자에게 물었다.

"콜롬비아에 사는 내 친구가 그러던데, 콜롬비아 북부에서는 현지 남자들이 그곳으로 여행 오는 유럽이나 미국 여자들에게 몸을 판다면서요? 정말인가요? 콜롬비아 남자들이 그래요?"

"네?"

"그냥 뭐 친구가 그런 말을 하길래 진짠가 해서 물어보는 거예요."

옆에 앉아 있던 다미안이 어이없다는 얼굴로 속삭였다.

"들었어? 뒷좌석 대화?"

"응. 너도 들었구나? 완전 미친 거 아니야? 저 사람들 오늘 여기서 처음 만난 거잖아. 지금 만난 지 15분도 안 됐다구! 진짜 예의 없다."

"쯧쯧쯧… 미국인들이란……."

뒷자리의 콜롬비아 남자도 황당했는지 잠시 침묵이 흘렀다.

"그 친구가 뭘 잘못 알고 있는 것 같네요. 나도 콜롬비아 북부에 사는 친구들이 몇 명이나 있지만 그런 말은 한 번도 들어본 적이 없어요."

"아. 그렇군요. 그런 소리가 있어서 궁금해서 물어본 거예요. 하하."

그것을 끝으로 더 이상의 대화는 들려오지 않았다.

남미에서는 아프리카나 중동에서보다 배낭여행객들을 많이 만날 수 있었다. 또한 아프리카와 중동에서 만나지 못했던 인종도 만날 수 있었다. 그것은 바로 미국인과 이스라엘인이었다. 세계 각국에서 온 여행자들의 기분을 가장 불쾌하게 하는 국적이기도 한 미국과 이스라엘. 오만하고 개념 없기로는 둘째가라면 서러운 나라들이었다. 특히 전 국민이 군복무를 해야 하는 이스라엘의 경우 젊은이들이 제대를 하고 남아메리카 등지로 여행을 많이 온다고 했다. 그렇게 여행 온 이스라엘 젊은이들은 보통 여러 명씩 무리를 이루어 다닌다. 그렇게 무리지어 다니는 이들은 종종 그곳에 자기들밖에 없는 듯이 지나치게 시끄럽게 굴거나 도를 넘는 행동을 하는 등 자기중심적이고 배타적인 태도를 보여 다른 여행자들의 눈살을 찌푸리게 하는 일이 잦았다.

물론 예의 바르고 사려 깊은 미국인과 이스라엘인을 만난 적도 있다. 단순히 몇 명만을 보고 그 나라 사람들에 대해 판단하고 싶지 않지만 애석하게도 좀 심하다 싶은 말과 행동을 하는 사람들은 알고 보면 특정 국가 출신인 경우가 많았다.

얼굴 하얀 백인 아이들에게는 귀찮을 정도로 말을 걸더니 동양인인 나는 투명인간 취급하던 아저씨도, 볼리비아에서 현지인으로 가득 찬 버스에 타는 순간 얼굴을 찌푸리며 '볼리비아 사람들에게서는 역겨운 냄새가 난다'는 말을 서슴없이 하는 사람도, 열대림을 여행하고 떠나는 경비행기에서 맨 마지막에 탑승해 다짜고짜 앞에 앉은 현지인들에게 '우리가 열대림 경치를 봐야 하니 좀 비켜 달라'고 말하여 다른 승객들을 어이없게 한 여섯 명의 무리도 그랬다. 알고 보면 어김없이 '역시…'라는 말이 튀어나오게 하는 국적의 사람들이었다.

도대체 여행을 왜 하는 것인지, 자신의 여행을 위해 다른 사람의 여행을 불쾌하게 하는 사람들을 만나게 될 때마다 정말 어이가 없었다. 여행을 통해 선입견과 편견으로 벗어나고자 하고 있는 나에게 '고유의 국민성이란 어쩔 수 없는 것인가' 하는 생각을 계속해서 하게 했으니까. 하지만 이것 역시 그들만큼이나 오만한 생각은 아닐까.

오만한 미국인? 다 그렇진 않아요

페루에서 마추픽추로 가는 열차를 탔을 때의 일이다. 내 오른쪽에는 스위스 아주머니 한 분이, 맞은편에는 미국 아가씨 한 명이 탔다. 활달한 성격의 미국인 아가씨가 먼저 말을 걸어왔고 곧 우리 셋은 서로의 이야기를 하기 시작했다.

조용한 성품의 스위스 아주머니는 남편과 함께 페루 여행 중이셨는데 그녀의 딸이 나와 동갑이어서 왠지 친근감이 들었다. 아주머니는 5개 국어나 구사할 줄 안다고 했다. 유럽 사람이 5개 국어를 한다는 것이 더 이상 놀라운 일은 아니었지만 영어는 2년 전부터 배우기 시작하셨다는데 그 나이에 다른 언어를 배우려는 노력과 수준급 이상의 실력이 대단하다고 생각했다. 미국 아가씨는 뉴욕에서 영화를 공부했고 이제 1년 동안 세계를 여행할 거라고 했다. 사람들의 시선을 끄는 모델 같은 외모여서 도도할 줄 알았는데 의외로 호탕하고 시원한 성격이어서 우리의 대화를 그녀가 거의 주도했다.

여행하다가 만난 사람 사이의 대화는 보통 여행에 관한 것으로 시작된다. 서로 현재 하는 여행에 대해 물어보다가 여행정보를 나누게 되고 자연스럽게 각자의 나라에 대해 이야기하게 된다. 어느덧 우리나라에 대한 이야기를 하다가 북한에 대한 이야기로 흐르게 되었다. 당연히 북한이 공산주의 국가라는 것을 모르는 사람은 없다. 이 아가씨도 김정일이 정권을 잡고 있다는 것쯤은 알고 있었지만 그것 외에는 잘 모르는 듯했다.

"알다시피, 북한 사람들은 해외여행을 할 수가 없으니까."

"뭐? 그럼 북한 사람들은 북한을 떠날 수 없는 거야?"

북한에 대한 다큐멘터리 프로그램을 관심 있게 보셨다는 아주머니가 이어 말했다.

"북한에서는 많은 사람들이 굶어 죽어가고 있어. 경제적으로 고립된 데다가 그나마 있는 식량이나 물자들도 군대를 위해 사용되지."

내가 설명을 덧붙였다.

"그리고 그런 생활고로 북한 주민들은 중국 등 제3국을 통해 탈북하여 남한으로 넘어가기도 해. 일부는 실패해서 끌려가기도 하고. 해외여행을 허가하게 되면 체제와 정권이 흔들리게 될 테니 금지하고 있는 거야. 지금 남아 있는 공산주의 국가는 별로 없잖아."

"그럼 아무도 여행을 하지 못하는 거니?"

"아니. 정부 고위 관료의 자식들 정도는 외국에 나갈 수 있을걸. 학업 등의 목적으로."

처음 알았다며 놀라는 미국인 아가씨에게 아주머니가 물었다.

"미국 사람들은 여행을 많이 하나요? 물론 여행하는 미국인들을 많이 보긴 했지만 전체적으로 어떤지 궁금하네."

"사실 미국인들이 여행을 많이 하는 것 같아도 전체 인구에서 그런 사람들은 소수에 불과해요. 여권을 가지고 있는 미국인도 얼마 안 될걸요."

미국 아가씨와 스위스 아주머니의 대화가 계속 이어졌다.

"그렇군요. 편견은 아니지만 그런 생각이 들 때가 있거든요. 미국인들은 세계의 다른 나라나 문화에 대해 배우는 걸 게을리하고 또 관심도 없는 것 같다는… 자신들의 관점에서만 세상을 보는 것 같기도 하고요. 많은 유럽인들이 미국인들을 싫어한다고 하는 이유가 그 부분에 있어요. 물론 유럽인들 자신도 얼마나 나은지는 모르겠지만… 그래도 나나 내 주변 사람들은 항상 관심을 갖고 배우려는 노력을 하는 편이거든요."

"음… 아주머니 말이 맞다고 생각해요. 미국인들은 '오만하다'는 말을 많이 듣잖아요. 확실히 그런 면이 있어요. 그렇지만 중요한 건 미국인들 모두가 그런 건 아니라는 거죠. 저도 다른 세상에 대해 더 배우고 싶어 이 여행을 하고 있는 것이니까요. 아주머니가 모든 미국인들이 그렇다는 얘기를 하려고 하는 게 아니라는 건 물론 저도 잘 알아요. 어쨌든 그런 점은 반성하고 고쳐야 하겠죠. 문제는 자신들이 그렇다는 것을 인식조차 하지 못하고 있는 사람들이 많다는 거죠. 사실 그건 그런 사람들을 길러내는 나라 자체의 문제일 수도 있고요."

미국인 아가씨와 스위스 아주머니의 대화는 나에게 꽤 의미심장하게 다가왔다. 미국인들이 모두 오만하거나 그렇지 않다거나 하는 차원이 아니라 그 이야기를 우리나라에 대입해 보았을 때 이야기가 어떻게 될까 하는 생각 때문이었다.

한국인은 어떨까? 어떤 이들은 여행을 할 때, 뭘 보든 뭘 먹든 뭘 경험하든 '여긴 뭐 이래. 역시 우리나라가 최고네'라는 말만 줄기차게 해댄다. 내가 태어나고 평생 자라온 내 나라가 나에게 최고인 것은 당연한 것인데 말이다. 물론, 자기 나라에 대해 자부심을 가지는 것은 좋은 일이지만 다른 나라와 민족을 깎아내리는 데에서 그 자부심을 찾는 것은 싸구려로 치부될 수 있다.

아시아의 이 작은 반도에 살고 있는 이들 중 많은 사람이 미국이나 북·서유럽 몇 개 국가들을 제외하고는 세계가 대한민국의 밑이라고 생각하고 있다. 국제정세나 다른 나라의 역사, 문화에 대해서는 잘 알지 못하고 관심조차 없으면서 말이다.

언젠가 한국민의 역사와 현재에 대한 강의를 들은 적이 있다. 배달겨레 한민족의 우월함에 대한 강의였다. 단군 신화로부터 시작해 7,80년대에 이른 초고속 발전과 붉은 악마에서 보여준 엄청난 단결성 그리고 세계 각지에서 잘 나가고 있는 한국인들. 마지막으로 강사는 '한국을 세계의 다른 저개발 국가들과 비교하며 한국이 얼마나 잘살고 행복한 나라이며 그런 저개발 국가에서 살고 있는 그 나라

국민들은 정말 불쌍하며 이런 좋은 나라에서 살고 있는 우리는 정말 행복하고 축복받은 국민이다'는 식으로 강의를 마무리했다.

그가 말했던 것처럼 대한민국은 좋은 나라고 한민족은 우월한 민족일 수 있다. 그러나 뭔가 씁쓸했다. 그가 언급했던 나라에 사는 사람은 다 못나고 불행하고 불쌍한 사람들일까? 나는 다른 나라를 두루 여행해 보았다는 강사가 어떻게 저런 생각을 가지고 그런 강의를 할 수 있는지 이해할 수 없었다. 각 나라마다 1박 2일씩 여행을 한 건지, 현지 사람을 만나보기는 한 건지, 무엇을 보고 경험한 건지 도무지 알 수 없었다.

'우리 민족의 우수성을 알리고 애국심을 드높이며 더욱더 밝은 대한민국의 미래를 위해 사람들을 자극하려는' 강의의 목적은 알겠지만 그 내용을 부각시키기 위한 수단이 다른 나라 비하밖에 없었을까?

우리 역시 위에서 말한 '오만한 미국인'처럼 우리와 다른 피부색과 언어를 가진 사람들, 다른 문화와 역사에 대해서는 관심도 없고 알려고도 하지 않는다. 워낙 살기 바빠서 다른 것에 관심을 가지고 알아갈 여유가 없다고 변명할 수 있다. 그렇지만 잘 알지도, 겪어 보지도 않은 다른 나라와 민족을 우리보다 못하다고 비하하는 태도는 고쳐야 하지 않을까.

'한국 사람들이 좀 그런 경향이 있지. 난 아니지만'이라고 생각할지도 모르겠다. 하지만 외국인을 대하는 자신의 모습이 어땠었는지 한 번만 떠올려보자. 자신도 모르는 사이 그런 편협적인 생각이 뿌리 깊게 박혀 겉으로 드러났을지도 모를 일이다.

이스라엘인들의 배타성과 안하무인의 태도에 대해 이야기하던 중 한 한국인 동생이 한 말이 기억난다.

"누나, 열 명의 이스라엘인 무리도 못 당해내는 게 누군지 알아요? 바로 술 취한 한국인 한 명이에요."

우물 밖으로 나온 개구리

사실 이번 여행을 통해 '우물 안 개구리 식'의 사고에서 벗어날 수 있다는 것이 나에게 결과적으로 가장 큰 도움이 되었다. 수많은 편견 속에서 가장 자유롭지 못한 대한민국 국민 중 한 명이었기 때문이다.

영국에서 어학연수를 할 때의 일이었다. 학원 수업 중 최근 놀랐던 일에 대해 이야기하는 시간이 있었다. 내 차례가 되었을 때, 나는 얼마 전 길을 걷다가 한 건장한 흑인이 갑자기 나에게 다가와 말을 걸어 순간적으로 놀랐던 경험을 이야기했다. 선생님은 내 이야기를 다 듣더니 물었다.

"흠, 짚고 넘어가야 할 게 있네. 넌 왜 '흑인'이라고 말을 한 거지? 굳이 블랙이라는 단어를 집어넣어야 했을까?"

나는 한 치의 망설임도 없이 대답했다.

"저에게 다가온 사람이 흑인이라 저는 더 큰 위협을 느꼈기 때문이죠. 흑인은 무섭잖아요."

말을 마치고 나도 내가 한 말에 스스로 놀랐다. 방금 내 입에서 나간 말 그대로가 내 머릿속에 자리 잡고 있는, 흑인에 대한 나의 생각이었다.

내 대답을 들은 선생님은 뿌리 깊은 편견에 대해 긴 이야기를 하셨지만 나는 제대로 집중을 할 수가 없었다. 누군가에게 머리를 쾅 얻어 맞은 것 같았다. 차별과 평등에 대해 배운 내가 당당하게 '흑인이라서'라고 말했기 때문이다. 나는 '흑인은 위험하다. 흑인은 무섭다'라는 편견에 젖어 있었다. 그것이 당연하다고 생각했기 때문에 무의식적으로 말을 하면서 블랙이라는 색깔을 강조하게 된 것이다. 그러나 '블랙'과 '놀람' 그리고 '무서움' 사이에는 내 편견 외에 어떠한 인과관계도 성립되지 않았다. 그때까지 나는 단 한 번도 흑인과 대화 한 번 해 본 적 없으면서 왜, 어떻게 그런 편견을 가지게 된 걸까?

내게 일어난 모든 일은 내 삶을 변화시킬 수 있다

물론 그 후 뉴욕의 어느 공원의 벤치에 앉아 있는 나에게 다가와 빈정거리다 욕을 하고 사라진 어느 흑인이 불량한 사람이었던 것은 사실이다. 하지만 한국의 한 식당에서 이틀 후면 고국으로 돌아가 아내와 아이들을 만나게 된다며 눈물을 글썽거렸던 순하고 예의 바른 사람도 흑인이었고 지금 나의 외국인 친구들 중 다수가 흑인이다.

이것은 내가 가지고 있던 편협한 사고의 한 예일 뿐이다. 어디서 났는지도 모를 편견과 몸에 묻어 있는 차별적 생각들. 나는 내가 가진 수많은 편견을 깨기 위해 여행을 떠났다. 어떤 이들은 나의 여행에 대해 '그런 저개발 국가에 가서 뭘 했냐'는 식으로 묻는다.

저개발 국가를 여행하면 얻을 수 있는 것이 없다는 것은 어디서부터 온 편견일까? 그들에게는 미안하지만 나는 유럽 여행보다 아프리카 여행에서 배우고 느낀 점이 더 많았다. '이 풍경 아름답다. 이 건물 멋지다. 여기 분위기 좋다' 등이 유럽여행에서 느낀 점의 대부분이었다면 아프리카, 중동, 남미 등지로의 여행에서는 더욱 다양한 감정을 느꼈고 다른 문화의 사람들을 편견 없이 받아들이는 법을 조금이나마 터득했기 때문이다. 물론 아프리카 여행이 유럽 여행보다 낫다고 객관적으로 평가내릴 순 없다. 단지 여행의 시기와 기간 그리고 나의 상황이 잘 맞아떨어져 내가 느끼고 배운 점이 더 많았던 것일 수 있으니까.

A holiday on a holiday!-2

거의 매일 비가 오고 쌀쌀했던 보고타의 날씨와 달리 해가 쨍쨍한 맑은 날씨에 탄성이 나왔다. 나는 다미안의 집으로 가는 택시 안에서 카메라를 하늘로 향하고 계속 사진을 찍었다.

"루시, 너 하늘 처음 보냐?"

"아니… 그런데 하늘이 너무 맑아."

날씨가 좋아서였는지, 가정집에서 안정적으로 머무르게 되어서인지, 올랜도는 천국처럼 느껴졌다. 다미안의 부모님이 도착하시기 전 며칠간 커다란 집은 우리만의 것이었다. 도착하자마자 대형 마트로 갔다. 눈이 돌아간 우리는 다 먹을 수 있을지 없을지는 생각해보지도 않고 먹고 싶은 것을 있는 대로 카트에 쓸어 담았다. 저녁에는 수영장에서 바비큐 파티를 했다.

다미안의 집에는 방이 많아 우리는 각자 이층의 방 하나씩을

내게 일어난 모든 일은 내 삶을 변화시킬 수 있다

쓸 수 있었다. 창으로 쏟아져 들어오는 따스한 햇살을 받으며 뽀송뽀송한 침대에서 눈을 떴다. 저절로 입가에 미소가 지어졌다. 창밖에는 잘 정돈된 거리와 장난감 같은 집들이 보였다. 세수만 하고 그대로 야외 수영장에 몸을 던졌다. 좌우로 두 번을 왕복하니 정신이 확 들었다. 꿈이 아니구나.

다시 이층 욕실로 올라가 샤워를 했다. 깨끗하다 못해 빛이 나는 욕조에서 뜨거운 물로… 역시 뽀송한 수건으로 몸을 닦고 세탁물통에 던져 넣었다. 당분간은 축축한 수건과도 안녕이다!

부엌에서는 다미안이 쿠키를 굽고 있었다.

"음! 좋은 냄새! 뭐 하는 거야?"

"쿠키! 이따 우리 해변 갈 때 싸가려고."

"어머, 사랑해요 엄마!"

엄마 역할을 맡은 다미안이 만든 쿠키를 싸가지고 플로리다의 어느 해변에 갔다. 가는 길에 서핑 숍에 들러 비치볼과 선탠 오일을 사는 것도 잊지 않았다. 이게 얼마만의 선탠이냐. 나는 원래 피부가 까만 편이지만 여행하는 동안 더 까매져서 한국인이라고 하면 놀랄 정도의 피부색을 가지게 되었다. 그런데도 따뜻한 날씨에 해만 나면 기를 쓰고 선탠을 했다.

플로리다의 해변에서 비치볼을 하다가 선탠 오일을 바르고 누워 있자니 마치 내가 미국 드라마의 한 장면에 들어와 있는 것 같았다. 그날 해 질 녘에는 다미안의 집에 있는 야외 수영장 너머 강으로 지는 해를 감상하며 다시 물놀이를 했다. 수영을 좋아하는 나는 물에 몸이 불을 지경이었다. 다음 날, 그 다음 날도 마찬가지로 천국이었다. 우리는 디즈니 월드 등 놀이동산에 가거나 대형 아웃렛에 가서 남미에서 입을 두꺼운 옷과 트래킹화 등의 쇼핑을 했다. 그리고 다미안 부모님의 환대. 다미안의 부모님은 우리가 먹고 싶어 하는 모든 것을 대접해주셨다. 우리는 그 풍족함을 즐기고 또 즐겼다.

그러던 어느 날 한 끼에 11달러 한다는 아침 뷔페에 갔다. 그곳에는 아침 식사로는 좀 부담스러운 메뉴들이 있었다. 고기를 좋아하는 내가 종류별, 부위별로 스테이크를 차곡차곡 쌓아서 가져가자 다미안과 주연 언니가 놀랐다.

"아침으로 스테이크를 쌓아놓고 먹다니… 흐흐흐."

기름이 뚝뚝 떨어지는 스테이크 조각을 입에 넣고 씹어대며 주변을 둘러보았다. 이상하게도 그날 그 뷔페에는 거동이 불편한 정도로 살이 찐 사람들이 많았고 그렇지 않은 사람들도 비만에 가까웠다. 그 순간, 왜였을까. 내 머릿속에는 아프리카에서 보았던 못 먹어 비쩍 마른 아이들의 모습이 오버랩되었다. 순간적으로 느낀 극명한 차이는 이후 미국에서 머무는 내내 나를 거북하게 했다.

매 끼니마다 식사를 마친 후 위산이 넘어올 정도로 과한 식사를 하면서 꺼림칙한 기분이 들었다. 언제나 넘치는 양을 산 후 과하게 먹고 남은 것은 버렸다. 하루에 그렇게 버리는 음식물의 양은 엄청났다. 그리고 그것은 모두에게 이미 당연한 일이 되어 있었다.

풍족함의 이면에는 불필요하게 소비되는 엄청난 에너지가 있었다. 지구 한편은 이렇게 넘치고 다른 한편은 비인간적으로 부족하다. 그리고 그것은 지구 차원으로 갈 것도 없이 우리 사회에서부터 볼 수 있는 상황이기도 하다.

넘치는 세계와 부족한 세계. 넘치는 한쪽의 에너지를 부족한 한쪽에게 그대로 이동시켜 함께 나누게 하면 좋겠지만, 애석하게도 우리가 사는 세상에서, 얽혀 있는 이해관계와 문제들을 풀기란 쉽지 않다. 더군다나 현재의 부족한 세계의 기아와 빈곤은 테러와 환경문제가 얽혀 끝이 보이지 않는 길을 달려가고 있다.

설사 이 세상의 불균형이 내 잘못은 아니라 하더라도, 한편의 암담한 현실을 직접 내 눈으로 본 사람으로서, 이 시대를 살고 있는 사람으로서 내가 할 수 있는 일이 없을까?

리마 공항에서의 7시간

나는 '클릭운'이 좋은가 보다. 일전에 보고타에서 산타 마르타(콜롬비아 북부)에 가는 비행기 표를 살 때도 내 티켓만 한 번에 사지더니(셋이 같이 시작했음에도 불구하고) 이번에 보고타에서 페루 리마 행 비행기 티켓도 그랬다. 좌석이 하나밖에 남지 않았었기 때문에 다미안과 주연 언니는 같은 비행기의 티켓을 사지 못했다. 결국 나 먼저 리마로 오고 주연 언니와 다미안은 다음 비행기를 타고 오기로 했다.

리마에 도착해 먼저 호스텔로 갈까 했는데 공항에서 시내까지의 택시비가 비싸다는 말에 그냥 공항에서 기다리기로 했다. 무려 7시간 동안! 그러고 보니 여행하는 동안 공항 입국장에서 누군가를 기다리는 것도 벌써 네 번째였다. 공항에서 밤을 샌 적도 몇 번 있기 때문에 어려운 일은 아닐 거라고 생각했다.

처음 세 시간은 꽤 바빴다. 분위기를 파악하기 위해 공항을 한 바퀴 돌고 ATM에서 돈을 뽑고 어제 보고타에서 리마에 왔는데 짐이 안 와서 오늘 짐 찾으러 왔다는 옆자리 아줌마의 하소연도 한참 듣고 다미안과 주연 언니의 입국을 환영하는 플래카드도 만들며 시간을 보냈다. '철퍼덕' 소리가 나서 주위를 보니 바닥에 떨어진 하얀 액체에 뛰어 놀던 한 아이가 미끄러진 것이었다.

'어떤 칠칠치 못한 인간이 아이스크림을 떨어뜨리고 치우지도 않고 갔군'이라고 생각하고 플래카드 만드는 데에 다시 열중하려고 보니, 아뿔싸! 그것은 나의 샴푸였다. 넘어진 아이의 할머니가 내 배낭을 가리키고 있었다. 엎어놓은 배낭 앞에서 하얀 샴푸가 뚝뚝 떨어지고 있었던 것이다.

"죄송합니다. 죄송합니다."

나는 언제나 샴푸를 봉지에 싸서 배낭 앞쪽에 끼워 넣고 다녔는데 비행기를 타고 나면 종종 샴푸가 터져 있었다. 리마 공항에서 세 번째로 샴푸가 터진 것이었다. 배낭커버를 벗겨 보니 배낭 앞부분이 온통 샴푸 범벅이었다. 배낭에서 계속 샴푸가 흐르고 있는데 휴지가 없었다. 사람들의 동정 어린 눈빛을 한 몸에 받으며 화장실로 들어 갔다. 대충 배낭을 닦고 나와서 휴지를 뜯어 내가 흘린 샴푸를 닦으러 갔다. 다시 자리로 돌아갔는데 함께 앉아 있었던 사람들 대신 새로운 사람들이 앉아 있었다. 바닥 청소를 하고 편의점에 물을 사러 갔는데 앞에 선 귀여운 꼬마가 나에게 물었다.

"아까 바닥 왜 언니가 닦은 거예요?"

눈에는 장난기가 가득한 꼬마가 수줍어하면서 조잘조잘 물어오

니 나도 애교를 부리며,

"그건 언니가 샴푸 흘린 건데 너같이 예쁜 애가 뛰어다니다가 미끄러지면 안 되잖니?"라고 대답해주고 싶었지만 '미끄러지다' 동사를 떠올리는 데 10초가 걸렸고 '흘리다'는 아예 모르는 동사였다.

즉각 센스 있게 받아 칠 만한 수준이 안 되는 나의 미천한 스페인어 실력 탓에 험상궂은 얼굴로 "그건 내 샴푸였어"라고 말해버렸다. 내 대답에 꼬마는 뒤도 돌아보지 않고 엄마에게로 뛰어갔다.

라마 공항에서 총 7시간 남짓 혼자 머물렀다. 혼자 이런 저런 것들을 하면서 시간을 보냈지만 공항의 묘미는 역시 재회하는 이들을 바라볼 수 있는 시간이다. 입국장에서 오랜만에 만나는 사람들의 모습을 보고 있으면 마음이 따뜻해졌다. 활짝 웃으며 서로를 부둥켜안는 사람들의 모습을 보면 아무 상관 없는 나까지 기분이 좋아지는 것이다. 그리고 그런 장면들은 내게 그리움을 불러왔다. 한국에 있는 가족, 친구들의 얼굴이 아른거렸다. 내가 돌아가면 우리도 저렇게 웃으며 서로를 안아주겠지? 코끝이 찡해졌다.

공항 내 가장 크게 걸려 있는 한국기업의 광고판이 잘 보이는 자리에 앉아 나는 막간의 깊은 향수에 빠졌다.

여자인 내가 왜 트렁크에 타야 해?

오늘은 와라스와 가까이에 있는 Laguna sesenta y nueve(라구나 세센타이누에베, 69호수)에 가는 날.

아름다운 호수 빛깔로 유명한 69호수는 와라스에서 총 3시간 정도 걸리는 와라스카란 국립공원 내부에 있는데 국립공원 입구에서 호수까지 왕복으로 트레킹을 6시간 정도 해야 하기 때문에 우리는 새벽 6시에 호스텔을 나섰다. 가는 길에 들리는 마을 마을마다 높은 모자에 스타킹을 신고 색동무늬 망토를 걸치고 있는 인디오 여인들의 모습이 이색적이었다. 융가이에 도착했더니 어디서 나타났는지 콜렉티보 택시기사가 69호수 가는 거냐며 따라붙었다. 콜렉티보 택시와 버스가 있는데 뭘 타지? 택시기사는 자꾸 버스는 늦게 출발하고 늦게 도착한다며 자기 차를 타라고 독촉해왔고 택시에는 이미 두 명이 타고 있었다.

"두 자리밖에 안 남았는데 우리 세 명이 어떻게 탈 수 있다는 거야?"

"아니야 괜찮아. 뒷좌석에 네 명이 탈 수 있어. 원래 항상 그렇게 해. 정 좁으면 트렁크에 타면 돼."

잠깐 고민을 하다가 시간도 없고 그냥 빨리 출발하는 게 낫겠다 싶어서 택시 트렁크에 가서 앉아버렸다.

"다미안, 주연 언니! 빨리 타 빨리! 자 출발! Vamos vamos!"

다미안은 조수석에, 주연 언니는 이미 타고 있던 프랑스인 커플과 함께 뒷좌석에 앉았다.

'하하하. 승용차 트렁크에 다 앉아 보네.'

트렁크였긴 했지만 넓고 창문도 있어 별로 불편하지는 않았다. 하지만 쌓여 있는 먼지가 많아서 차가 덜컹거릴 때마다 흙먼지가 하얗게 일어났다. 트렁크에 탔다고 '색다른 경험'을 외치며 신 나하던 내 얼굴은 정확히 30분 후 먼지를 하얗게 뒤집어쓰고 오만상으로 구겨졌다. 반면, 바로 앞에 앉은 프랑스인 커플은 쪽쪽대며 수시로 사랑을 확인하기에 바빴다. 속에서 스멀스멀 불만이 올라왔다. 게다가 조수석에 앉은 다미안은 좌석을 뒤로 젖히고 편안히 졸고 있는 것이 아닌가! 내 모든 불만의 화살은 다미안을 향했다.

'지금 나는 이렇게 다리를 쪼그리고 똑같은 자세로, 이 먼지를 뒤집어쓰고 기침을 해대고 있는데 저 녀석은 저렇게 편하게 몸을 쭉 펴고 자고 있어? 남자라면, 여자인 내가 트렁크에 앉는다고 했을 때 조수석을 양보하고 자기가 트렁크에 타야 되는 거 아니야? 여자인 내가 트렁크에 타야 되겠어?'

몸을 웅크리고 앉아 맘속으로 불만을 토해내는 내 꼴은 우스웠다.

'잠깐, 여자인 내가? 여자인 내가 꼭 이래야겠어?'

내 불만의 방향이 다미안인 것도 그랬지만 거기에 덧붙이는 이유가 참으로 우스꽝스러웠다. '여자인 내가 그래야 하는가'라니. 뒤집어 생각하면, 남자인 다미안은 불편하고 더러운 곳에 앉아도 된다는 말인가.

그건 아니었다. 안 그래도 다미안은 여행 초반, 여자인 우리들의 짐까지 자기가 옮기겠다며 우리들은 가만히 앉아 있으라고 했었다. 그때 우리는 웃으며 다미안을 놀렸다.

"웃긴다 하하. 네가 우리 짐꾼이니? 우리는 같이 여행을 하는 친구야. 자기 짐은 자기가 들어야지! 이 상황에서 웬 기사도?"

그땐 다미안의 그런 제안이 무척 어색하게 느껴졌었는데 생각해보니 그 상황이나 지금이나 별로 다를 건 없었다.

누구나 불편하고 더러운 것은 싫다. 그것이 남자라서 더 감수해야 할 문제는 아니다. 남자라서 힘든 일과 슬픔을 더 잘 견뎌야 하는 것도 아니며 여자라서 섬세하고 여려야 하는 것도 아니다. 26년간 들어 온 '남자이기 때문에 ~해야 한다', '여자이기 때문에 ~해야 한다'는 성역할 고정관념이 내 머릿속을 얼마나 지배하고 있었는지 인식조차 하지 못하고 지나갈 때도 있었다. 그러나 이번만큼 사실 트렁크에는 내가 먼저 앉겠다고 한 것이고 트렁크라도 꽤 넓은데다가 창문도 있어서 오히려 키가 작은 내가 앉아 가는 것이 딱 좋았다. 차에서 내리자 다미안이 다가왔다.

"미안해. 불편했지? 내가 탔어야 하는데……."

다미안에게 미안한 마음이 들었다.

"어이구, 영국 신사님! 괜찮아. 넌 나보다 키랑 몸집도 훨씬 크잖아. 트렁크는 네가 타기엔 좁아. 난 작으니까 내가 타는 게 더 나을 걸. 그리고 내가 언제 트렁크에 타 보겠냐? 꽤 재미있었어!"

총 6시간 40분 등반, 69호수

'드디어 안데스에 왔구나.'

눈 덮인 산들이 여기저기 눈부시게 솟아 있었다. 가슴이 두근거렸다. 69호수에 오르기까지는 3시간이 걸린다고 했다. 도입 부분은 약간 경사진 길이라 산을 오르기 수월했다. 1시간쯤 걷자 오른쪽으로 지름길로 보이는 길이 있었다. 왠지 그 길로 가면 호수에 빨리 도달할 수 있을 것 같았다. 빨리 정상에 오르고 싶은 마음에 우리는 그길로 들어섰다. 그런데 앞으로 나아갈수록 점점 수풀이 늘어만 가는 게 아닌가. 우리는 수풀을 헤치고 꺾어가며 계속 앞으로 갔다. 조금만 더 가면 다시 괜찮아지겠지, 괜찮아지겠지 하면서 계속 그 길을 갔다. 어느새 내키 만한 수풀들이 나를 둘러싸고 있었다. 수풀에 가려 앞서 있는 다미안도 보이지 않았다.

"다미안!!! 주연 언니!! 어디 있는 거야?"

"루시, 나 여기 있어!"

"이게 뭐야 하하하하. 앞으로 나가기도 힘들어 이젠."

"안 되겠다. 되돌아가자. 근데 하도 깊숙이 들어와서 돌아가는 길도 안 보여!"

"으… 저 산 쪽으로 가면 우리가 출발한 시냇물이 보일 거야. 저 산 방향으로 가자!"

빠져나오는 길은 들어온 길보다 어려웠다. 빼곡한 수풀을 헤치고 나오는 길에는 개울을 건너다가 물에 빠지고 바위에서 뛰어내리다가 넘어지기도 했다.

간신히 수풀 밖으로 나온 우리의 옷이며 머리에는 지푸라기들이 붙어 있어 웃음이 나왔다.

"지름길로 가려다가 이게 웬 고생이야? 하하하."

"그래도 재미는 있다. 그렇지?"

방황은 아름답다

수풀에서 3~40분을 헤매느라고 오히려 더 늦어졌다. 그 이후로는 가파른 길이 계속되었다. 안데스의 3시간은 한국에서의 등산 3시간이 아니었다. 출발 지점부터 이미 해발 4000m 이상이었다. 점점 고도가 높아지니 숨을 쉬기가 힘들어졌다. 어젯밤 감기에 걸린 주연 언니는 심장에 약간 무리가 와서 폭포 앞에 남기로 했다.

69호수를 보기 위해서는 산을 몇 개나 넘어야 했다.

힘들어서 쉬겠다고 잠깐 돌에 앉았다가 일어나면 머리가 어질어질. 비틀비틀 잘 걷지도 못했다. 멈춰 쉬었다가 다시 열 발자국만 걸어도 심장이 미친 듯이 뛰었다. 높이 올라가니 온도도 낮아지고 바람도 많이 불어 추워졌다.

'아니, 누가 나중에 은퇴하고 여행하라는 조언을 한 거야. 이런데는 오고 가는 차도 없는데, 할머니 되어서 이런 걸 보러 올 수 있겠나. 아직 20대인 나도 이렇게 힘든데… 웬만큼 체력관리를 잘한게 아니면 은퇴하고 여행 와서 여기 오르는 건 정말 힘들겠어.'

중간의 작은 호수를 지나니 laguna 69가 3km 남았다는 표지판이 보인다. 그곳을 지나 좀 더 걸어가자 두 개의 길이 나온다. 오른쪽 길을 택해서 열심히 걷고 있는 나를 다미안이 왼쪽에서 부른다.

"아까 우리랑 같이 택시 타고 온 프랑스 애들 이 길로 갔어. 69호수는 왼쪽이야 왼쪽!"

영국인과 프랑스인 사이의 묘한 자존심 싸움. 프랑스 애들에게 뒤처지고 싶지 않다며 다미안은 속도를 낸다. 나도 지는 건 싫어하니까 열심히 걸어야지. 그러나 문제는 발. 등산화가 아닌 일반 스니커즈를 신어서 3시간을 걸었더니 발이 엄청나게 아팠다.

왼쪽 길을 택했더니 200m쯤 되어 보이는 산이 머리 위에 있다. 지금까지 산을 올라왔는데 무슨 산이 또 있냐고! 도무지 근처에 호수가 있을 것처럼 보이지 않는다.

"할 수 없어. 여기까지 왔으니까 우리는 저 꼭대기에 올라 길을 찾아볼 수밖에 없어."

꼭대기까지 올라가서 만약 이쪽 길이 아니면? 이 산이 아니다 하고 다시 내려가서 또 다시 다른 산을 올라가고… 그렇게 쉬운 문제가 아니야. 지금 내 발가락은 터질 것 같아.

어쩔 수 없이 산을 올랐다. 아뿔싸. 우리가 가지 않은 오른쪽 길의 끝에 그러니까 오른쪽으로 보이는 산 위에 호수가 있다.

"다미안! 저기가 69호수인 것 같아. 저 산으로 가야 돼."

"아니야. 69호수는 물이 수정색인데 저 호수는 짙은 녹색이잖아. 저건 다른 호수야."

"사진에서 69호수는 눈 덮인 산에 둘러싸여 있었어! 우리가 지금 오르고 있는 산은 눈이 덮이지 않았잖아. 전혀 호수가 있을 것

69호수에 오르기까지는 총 3시간이 걸린다고 했다. 처음 1시간은 약간 경사진 길이라 오르기 수월했다. 와라스카란 국립공원에서. 69호수 가는 길.

처럼 보이지 않아. 저 산인 것 같아. 저 산에는 눈이 있어.”

“날 좀 믿어봐. 난 길을 잘 찾는다고. 저 산에는 눈이 있지만 너무 조금이야. 사진에서 본 산은 저렇게 생기지 않았어.”

“아악! 심장이랑 발가락이랑 다 터져버릴 것 같아. 새끼발톱은 벌써 뽑힌 것 같다구. 헉헉”

열 걸음 걷고 가쁜 숨을 몰아쉬고 열 걸음 걷고 또 숨을 몰아쉬었다. 우리는 그렇게 가파른 산을 올랐다.

내게 일어난 모든 일은 내 삶을 변화시킬 수 있다

먼저 정상에 도달한 다미안이 소리 질렀다.

"호수가… 호수가 보이지 않아!"

"으아아아악! 거 봐. 내가 뭐랬어. 저 산이라고 했잖아!"

"음… 아니야. 잘 봐. 여기 물이 흐르고 있어. 조금만 더 가면 호수가 보일거야."

조금 더 걷자 눈앞에 새하얀 눈이 덮인 커다란 산들이 보인다. 갑자기 숙연한 기분이 든 나는 소리 지르기를 멈추고 그저 조용히 길을 따라 걷기 시작했다.

"오! 신이시여! 바로 저거야!"

저 멀리 무채색의 절벽 사이로 마침내 수정 빛 호수가 보인다. 무채색의 절벽 사이로 보이는 호수의 수정 빛은 비현실적으로 느껴질 정도로 영롱했다. 숨이 차올랐음에도 발걸음은 빨라졌다. 저 끝 절벽에서 폭포가 떨어지고 있었다. 한눈에도 다 들어오지 않을 정도로 큰 산 저 꼭대기에서부터 만년설이 녹은 수정 물줄기가 흐르고 흘러 이곳에 모인 것이다. 세상에 이런 곳이 있단 말이지. 마치 요정이 살고 있을 것만 같은 호수였다. 소리를 높여 말하기도 조심스러워 우리는 한동안 말없이 앉아 있었다.

사실 올라오는 길에는 숨이 차서 '자동차가 조금 더 높이 올라왔으면 좋겠다' 불평도 조금 했다. 하지만 해발 6000m도 넘는 광

방황은 아름답다

대한 산들에 둘러싸여 그 영롱한 빛깔을 보고 있자니 이 아름다운 풍경이 해발 4,600m에 있어서, 자연이 그대로 스스로 주인으로 남아 주어서 참 다행이라는 생각이 들었다.

어느새 하늘이 흐려지더니 눈이 오기 시작했다. 하늘은 소리마저 잃을 정도로 멋진 이 풍경을 아끼듯 아주 잠시만 보여주고는 금세 내려갈 시간을 알렸다. 등산 애호가들은 종종 산에서 인생을 배운다고 말한다. 호수를 찾아 올라가는 이 험난한 등반에서 나는 뭔가 찌릿했다. 물론 오를 때야, 고통에 사무쳐 아무런 사색도 할 수 없었지만 내려오는 길에 그리고 내려와서 그 강렬했던 등반에 대해 몇 번이고 생각했기 때문이다.

'올라가서 아니면 어쩌지? 이쪽 길이 아니면 어떻게 할 거야? 그냥 좀 편하게 올라가서 보고 내려오면 안 되나? 발톱이 빠질 것처럼 아프고 아프다.'

이런 일련의 생각들은 내가 69호수를 오르는 등반길에서 처음 느낀 감정이었을까? 어디서 많이 봐 온 생각들. 고시를 준비하면서 괴물 같은 불안함에 휩싸일 때면 늘 하던 생각이었다.

'떨어지면 어쩌지? 이렇게까지 공부했는데 결말이 비극이면? 포기하고 싶어 그냥 그만두고 싶을 정도로 힘이 든다.'

그리고 모두가 그랬다. '이 일이 나랑 맞지 않으면 어쩌지? 그냥

내게 일어난 모든 일은 내 삶을 변화시킬 수 있다

남들 하는 대로 스펙 쌓고 영어 공부하는데 이렇게 시간만 가고 취직이 안 되면 어쩌지?' 아직 가보지 못한 곳에 대한 두려움과 해보지 않은 것들에 대한 불안함. 다가오지도 않은 미래를 걱정해가며 하루하루 버티듯 뭔가를 쌓아가야 하는 압박감. 대한민국 20대라면, 어느 순간이든 한 번쯤 겪어야 하는 성장통처럼 이런 시기를 겪게 마련이다. 나의 경우에는 그것이 고시 공부였고, 더 정확하게 말하면 살아오는 내내 늘상 그런 기분을 안고 살아왔다.

갈림길도 길이다. 올라가야 한다면, 선택해야 한다면 더 이상 머뭇거릴 시간은 없는 것이다. 한 번 오르기도 벅차고 괴롭지만 어찌되었든 올라야 한다. 그리고 아니면? 내려왔다가 다시 오르면 된다. 말이야 쉽지, 상황에 처하면 그저 욕만 차오르는 정신상태가 된다는 것쯤이야 알고 있다. 그렇지만 도리가 없다. 어느 쪽으로든 올라야 하는 것이다. 다만 그때, 옆에는 친구가 있고 머리 위에는 하늘이 있다. 난생 처음 보는 요정 빛의 호수가, 혹은 계속되는 산이 기다릴 수도 있다.

차를 타고 올라가지 않기를 잘했다고 몇 번이고 생각했다. 도중에 포기하고 내려가지 않은 것이, 다미안의 말을 듣고 왼쪽으로 오른 것도. 물론 다시 오르라고 한다면 글쎄, 생각을 좀 해봐야 할 것 같다. 또, 다시 오른다 한들 그때의 기분만 할까? 싶기도 하다.

방황은 아름답다

만드는 것보다 유지하는 것이 훨씬 힘들다

드디어 마추픽추로 가기 위해 쿠스코를 출발했다. 콜롬비아에서 만났던 석휘가 합류하여 우리는 총 4명이 되었다.

마추픽추 일정은 순탄치가 않았다. 첫날부터 두 번이나 싸우고 경찰서에까지 다녀왔다.

첫 번째 싸움은 콜렉티보 버스에서 벌어졌다.

우리는 Moray(모라이)와 Salineras(살리네라스)에 가기 위해 우선 Maras(마라스)라는 마을에 가야 했다. 기사가 분명히 마라스에서 내려준다고 했는데 큰 길에서 마라스로 갈라지는 길에 서더니 그냥 내리라고 하는 것이 아닌가.

'여기는 마라스가 아니지 않느냐. 마라스까지 데려다 달라'고 했으나 다 왔으니 내리라는 말뿐이었다. 마라스는 그곳에서 차로 15분은 더 들어가야 한다고 했다.

화가 났다. 점점 목소리가 커졌다.

"아무것도 없는 도로에 내리라니 무슨 소리야?"

"택시 잡아."

"처음이랑 말이 다르잖아."

"여기가 마라스로 가는 갈림길이야. 원래 여기에 내려줘."

"그런 줄 알았으면 이 차 안 탔어. 당신들은 분명히 마라스까지 간다고 했어."

우리는 그곳서 내린다면 절대 약속한 돈을 줄 수 없다고 했다. 그들은 전액을 다 받아야겠다고 소리를 높였다. 그 차액은 총 5천 원 정도의 돈이었지만 우리는 속였다는 사실에 화가 나서 물러설 수 없었다. 결국 그 차를 타고 그곳에서 30분 거리인 우루밤바에 있는 경찰서까지 가게 되었다. 경찰은 양쪽의 이야기를 다 듣더니 우리의 손을 들어주었다.

이왕 마을에 들어왔으니 점심이나 먹고 가기로 했다. 한 식당에 가서 밥을 먹고 계산을 하려고 돈을 모으는데 같은 것을 먹었지만 네 명 모두 말하는 가격이 달랐다. 이게 어떻게 된 일이야? 메뉴판을 다시 가져다 달라고 했다.

세상에! 음식 가격이 메뉴판마다 모두 달랐다. 석휘가 카운터에 가서 따졌다. 그런데 이번에는 주인이 또 다른 메뉴판을 만들고 있는 것이 아닌가. 어이가 없었다. 결국 우리는 그곳에서도 싸우고 나왔다.

'여행하면서 이런 일이 한두 번은 아니었지만 지친다. 정말'

어느 곳에나 잘 모르는 이들을 속이려는 사람들은 있다. 때로는 그 사실을 알아도 웃으며 속아주지만 매번 그럴 수도 없는 노릇. 자꾸 이런 일이 쌓이다 보니 내 성격도 점점 날카로워지고 있었다. 그러다 보니 가까운 사람들에게 짜증을 내는 일이 빈번해졌다.

쿠스코에서의 어느 날 아침. 그날따라 일찍 눈을 뜬 나는 자고 있던 다미안과 주연 언니를 뒤로 하고 혼자 호스텔 식당에 아침을 먹으러 갔다.

물방울이 눈에 보일 듯 축축한 쿠스코의 아침 공기를 마시며 눅눅한 기분으로 딸기쨈을 바른 딱딱한 빵을 씹고 있을 때였다. 잠에서 깬 다미안이 다가왔다.

"루시, 너 왜 혼자 아침 먹으러 왔어?"

나는 퉁명스럽게 대답했다.

"왜? 뭐가 잘못됐어? 배고파서 왔어. 우리가 항상 아침을 같이 먹어야 돼?"

"너 왜 그래? 항상 같이 먹었었으니까 그렇지. 웬 과민반응?"

다미안은 머쓱해하며 돌아섰다. 뒤이어 주연 언니가 테이블에 앉았다. 우리 셋은 어색하게 짧은 인사를 나누고 각자의 노트북을 쳐다보며 조용히 아침 식사를 했다. 순간적으로 튀어나온 가시 돋친 나의 말에 나 역시도 무안해진 상황이었다.

'아, 내가 왜 그랬을까. 내 짜증을 왜 다른 사람한테 풀었지?'

보통 인간관계에서는 내가 느낀 어떤 감정과 타인에게 표현된 그것은 차이가 있게 마련이다. '예의' 혹은 '배려'라는 이름의 체로 감정을 걸러 표현하기 때문이다.

그런데 매일 보는 사람들이나 하루 종일 같이 있는 사람들, 특히 가까운 사이일수록 우리의 감정표현은 더 자유로워진다. 그러다 보니 표현을 거르는 '체'의 구멍이 점점 커지게 되고 어느 순간 아예 뻥 뚫려버리기도 한다. 그런데 사람은 모두 감정을 가진 존재이기 때문에 오가는 말과 행동은 서로에게 상처를 줄 수 있다. 게다가, 사람에 대한 기대치는 관계의 친밀도에 비례하고 가까운 관계일수록 상대방이 받는 상처는 더 크고 깊을 수 있다.

서로의 거리를 좁혀나가는 것보다 좁혀진 거리를 지키기는 몇 배나 더 어려운 법이었다. 사람들은 편하고 친한 것과 막 대하는 것을 헷갈려하는 경향이 더러 있기 때문이다.

만약 다미안이 어제 만난 사람이었으면 나는 그렇게 쏘아붙이지 않았을 것이다. 오히려 반가운 얼굴로 인사를 했을지도 모른다. 우리가 친한 사이라는 것이 절대로 아침의 내 행동에 대한 변명이 될 수는 없었다. 묵묵히 노트북 화면을 쳐다보며 빵을 먹는 다미안에게 사과를 했다.

"좀 전에는 내가 괜히 너한테 짜증을 냈어. 요즘 내가 작은 일에도 날카로워져. 오늘 아침에는 유난히 기분이 가라앉아 있었어. 미안해."

다미안이 노트북 화면 너머로 씩 웃으며 쳐다본다.

"알면 됐네!"

다미안이 불편하다

우리는 오얀따이땀보에서 아구아스깔리엔떼스(Aguas Calientes)로 가는 기차를 타기 전 아침을 먹기 위해 한 식당을 찾았다. 우리는

‘오늘의 메뉴’를 시켰는데 그 맛이 닭볶음탕과 비슷했다. 페루에서 한국 음식의 맛을 찾은 우리는 흥분해서 아주머니에게 음식의 이름을 물어보고 한국 음식에도 비슷한 게 있다며 떠들었다.

석휘가 먼저 맛을 보고 말했다.

“와우, 이거 우리나라의 닭볶음탕이랑 맛이 똑같아요.”

“진짜네! 와, 너무 좋다.”

나도 맛을 보고 말했다.

“정말! 우리 하나 더 시킬까? 나 닭볶음탕 너무 먹고 싶었는데.”

이 대화는 모두 한국어로 이루어지고 있었다. 한참을 메뉴에 대해 떠들다 문득 내 맞은편의 다미안을 쳐다보았다. 아차, 다미안… 그는 그저 묵묵히 밥을 먹고 있었다.

나는 영어로 다미안에게 말했다.

“다미안, 이거 한국 음식이랑 맛이 비슷해.”

다미안은 정색한 얼굴로 답했다.

“아니, 이거 페루 음식이야.”

다미안의 기분이 상한 것이 분명했다. 어떤 지점에서의 서운함인지는 알겠으나 나 또한 그의 정색에 기분이 상했다.

‘내가 언제 이게 한국 음식이랬어? 뭐 저렇게 정색을 하고 말해?’

일단 그 상황은 그렇게 지나갔지만 그 이후에도 다미안의 기분

방황은 아름답다

은 계속 안 좋아 보였다.

우리는 그날 기차를 타고 아구아스 깔리엔떼스에 갔고 다음 날 새벽 마추픽추에 가기 위해 숙소를 나섰다. 앞에서 말했듯이 우리는 새벽부터 산을 올랐다. 나는 카메라를 세 개나 넣은 배낭을 메고 있었다. 다미안은 그런 내가 걱정되었는지 자기가 배낭을 메고 가겠다고 했다.

"루시, 네 배낭 나 줘. 내가 메고 갈게."

"아니야. 괜찮아. 별로 안 무거워. 내가 들게. 아무튼 고마워."

"그럼 나중에 힘들어지면 말해."

처음에는 괜찮았지만 산을 오르며 점점 배낭의 무게가 부담스러워졌다. 경사가 급한데다가 다른 사람들보다 빨리 입구에 도착해야 했기 때문에 쉬지도 못하고 서두르다 보니 몸에 무리가 왔다. 온몸이 땀으로 범벅이 되었다. 배낭이 천근만근처럼 느껴졌다.

"다미안, 다미안……."

다미안은 저 앞에 있었다. 헉헉대고 있는데 내 뒤에서 석휘가 배낭을 달라고 했다. 이번에는 거절할 수가 없었다. 오히려 매달리며 부탁해야 할 판이었다.

"정말 고마워. 석휘야."

어느덧 우리는 마추픽추 입구에 도착했다. 우리는 얼싸안고

소리를 질렀다. 숨을 돌리고 있는데 내 배낭을 메고 온 석휘를 본 다미안이 말을 걸었다.

"하, 뭐야. 너 아깐 안 힘들다고 네가 든다며? 석휘가 들고 왔네."

"아니, 올라오는데 중간에 너무 힘들어서."

"내 제안은 그렇게 거절하더니, 뭐냐?"

"넌 훨씬 앞에 있어서 부를 수도 없었어."

"아아, 한국 남자들은 여자 화장실에서 여자 핸드백도 든다고 했지?"

그는 사람들이 백 명 정도 있는 곳에서 큰 소리로 말했다. 나는 그의 말에 갑자기 화가 났다. 그의 어투도 비아냥대는 것처럼 느껴졌다.

화가 나서 빽 소리를 지를 뻔했다. 외국인이 백여 명이나 있는 곳에서 왜 저런 말을 하는 거야? 모르는 사람은 한국 남자들이 다 그런 줄 알겠잖아!

'참자. 참고 생각해보자. 다미안이 비아냥거린 건지, 내가 과민 반응 한 건지.'

사실 전에 다미안에게 그런 이야기를 한 적이 있었다.

"한국에서 어떤 남자들은 여자 친구를 너무너무 사랑한 나머지 데이트할 때 여자 핸드백도 들어줘. 길에서 작은 여자 핸드백 들

방황은 아름답다

고 다니는 남자들 보면 얼마나 보기 싫은지 몰라. 어떤 사람들은 심지어 여자 핸드백 들고 여자 화장실 앞에서 기다리기까지 한다니까."

화를 가라앉히고 다미안에게 말했다.

"다미안, 너 아까 말실수한 거 같아. 나 기분 나빠."

"무슨 말실수?"

"네가 아까 한국 남자 어쩌고 한 말 있잖아. 그거 네가 비아냥거린 것처럼 들려서. 내가 언제 한국 남자가 다 그렇댔어? 어떤 소수의 사람들이 그렇다고 했지. 그리고 언제 가방 들고 여자 화장실까지 따라 들어간다고 했어? 화장실 앞에서라고 했지. 너 뭐 기분 나쁜 일 있어?"

"나는 전혀 비아냥거리지 않았는데? 기분 나빴다면 미안해. 그런데 난 너 기분 나쁠 줄 몰랐어."

"그래. 네가 비아냥거린 거 아니라니까 나도 기분 풀게."

이번에도 일단 그 상황을 넘겼다.

저녁에 마추픽추를 내려오는 길에 다미안과 둘이 걷게 되었다. 마을까지 내려가는 버스의 줄이 너무 길어서 우리는 마을까지 걷기로 했다. 석휘와 주연 언니는 우리에 앞서 내려갔다.

"루시, 나 혼자 여행할까 봐."

“왜?”

“요즘 마음이 불편해.”

“그래. 너 요즘 그래 보였어. 그리고 난 그 이유가 뭔지도 알 것 같아.”

“음, 같이 여행하는 게 불편해졌어.”

“좀 더 정확히 말하자면 세 명의 한국인과 여행하는 것이 불편하다고 해야겠지.”

“너, 주연, 석휘. 모두들 다 좋은 사람이라고 생각해. 그치만 요즘 난 소외감이 들 때가 많아. 너희들은 한국어로 말하고 난 알아들을 수가 없지. 도대체 무슨 주제를 가지고 대화하는 건지조차 모를 때가 많아. 바보가 된 느낌이야. 누군가와 함께하는 건, 그게 누구든 간에 장점 단점도 있지. 난 그동안 중국과 동남아시아, 호주, 뉴질랜드를 지나오면서 많은 사람들과 함께 여행을 했잖아. 어느 때는 열댓 명이 몰려다니기도 했었어. 잘 맞는 사람도 있었고 아닌 사람도 있었지만… 내가 어울렸던 대부분의 사람들은 유럽이나 호주, 캐나다 출신이었어. 그들과 어울리면서 좋았던 점은 언어가 통하고 문화적 공감대를 형성할 수 있다는 거였지. 하지만 단점도 있었어. 우린 어느 나라에 있든지 아이리쉬 펍을 찾았지. 피자와 버거와 감자칩을 찾았고 유럽 음악에 대해 이야기를 했고. 나에게 너무 익

숙한 것들만 경험했어. 어느 순간 '내가 왜 여행을 하고 있을까' 하
는 생각이 들더라. 또래 애들 만나서 노는 것도 하루 이틀이지. 난
다른 사람들을 만나고 경험하고 싶어서 여행을 떠난 건데……."

다미안은 덧붙였다.

"너희랑 같이 여행하면서 굉장히 즐거웠어. 우리 서로의 문화에
대해 이야기도 많이 했잖아. 난 너희들이 해주는 한국 음식도 아주
좋아해. 우리가 항상 로컬식당에 가서 현지 음식을 먹는 것도 좋았
어. 여행 간 곳에서 또 다른 나라 사람들을 만나서 함께 여행한다?
그것도 정말 좋은 경험이잖아. 그런데 요즘은 혼자 여행해볼까 하
는 생각이 들어. 너희에게 문제가 있다는 게 아니야. 나에게 문제
가 있어. 그냥 요즘 그런 걸 생각하는 중이야. 이제 다시 혼자가 되
어서 여행할 때가 되었는지도 모르겠다고."

쿠스코에서 석휘가 합류하게 된 이후 3일 만이었다. 다미안을
이해할 수 있었다. 나와 주연 언니, 다미안이 함께 여행할 때 즉, 한
국인 두 명에 영국인 한 명이 여행할 때는 느끼지 못했던 것일 테
다. 나와 주연 언니는 항상 영어만 사용했고 항상 셋이 대화했다.
그런데 한국인이 한 명 더 늘어나자 상황이 달라졌다. 한국어로 대
화하는 시간이 확 늘었다는 나도 느낄 수 있었다. 확실히 한국에
서 나고 자란 내게 한국어는 영어보다 훨씬 편했다. 게다가 외국에

서 한국 이야기를 하는 것은 그렇게 재미날 수가 없었다. 우리 셋은 우리가 즐겨듣던 음악과 한국 TV 쇼 프로그램 이야기를 하며 즐거워했고 그것은 다미안이 공감할 수 없는 것이었다. 자연스럽게 우리는 우리의 언어로 우리끼리 대화하는 시간이 많았고 다미안은 소외감을 느낀 것이다.

"나도 네가 이해돼. 나라도 같은 감정을 느꼈을 것 같아. 우선 미안하다는 말을 하고 싶어. 네가 그렇게 느끼게 된 건 어쨌든 우리 때문인 것도 있으니까."

"아니, 네가 미안해할 필요는 없어. 너희는 그냥 너희가 하던 대로 했을 뿐이야. 내가 민감한 걸 수도 있고."

"한국인이 세 명이 되면서부터 네가 그런 감정을 느끼게 된 것 같아. 한국어로 이야기하는 시간이 늘었고 넌 그걸 알아듣지 못했잖아. 단순한 언어 문제가 아니지. 의도한 건 아니지만 어떤 상황에 대해서 '한국식이야', '한국에서는 이렇게 해', '한국인들은 이렇게 생각해' 등의 말들을 많이 했잖아. 너도 지금 너희 나라를 떠나 있잖아. 어느 순간부터 소외감을 느꼈을 네가 우리의 그런 말과 행동에 대해 거부감이 들었을 수도 있겠다고 생각했어."

"내가 유럽이나 호주 애들에게서 문화적인 동질감을 느꼈듯이 한국인들끼리 문화적인 동질감을 느끼는 건 당연하니까, 그리고 너희들은 오랫동안 고국을 떠나 있었으니까 서로 할 이야기가 많을 것 같아서 석휘가 쿠스코에서 합류한 첫날에도 너희들끼리 이야기를 많이 할 수 있도록 일부러 자리를 비켜 준 거야.”

“뭐, 네가 그렇게 말해도 난 좀 미안해. 문화적 동질감이든 뭐든 간에 말 자체를 못 알아듣는다는 건 큰 스트레스니까. 전에 이런 경험을 한 적이 있어. 영국에서 지낼 때 초반 몇 달간은 스위스 친구들이랑 어울렸었어. 나만 빼고 다 스위스 애들이었는데 우리가 함께 있을 때 그들은 항상 영어로만 대화를 했지. 어쩌다가 독일어가 나오면 항상 누군가가 영어로 대화를 하자며 독일어를 쓰지 못하게 했어. 내가 너희도 너희 나라 말로 이야기하는 게 편할 테니까 가끔 영어를 쓰지 않아도 상관없다고 했지만 걔네는 나한테 예의가 아니라며 자기들끼리도 영어로 이야기하더라구. 난 그게 참 고맙더라. 그때 난 한 번도 소외감이 든 적이 없었거든. 물론 걔들은 영어를 잘해서 자기들끼리도 영어를 쓰는 게 크게 무리는 아니었겠지만 말이야.

반면, 전에 몽골에 여행 가면서 기차를 타기 위해 베이징에서 며칠 체류했던 적이 있어. 여행을 계획할 때는 난 베이징에 도착하자마자 몽골 울란바타르 행 기차를 탈 생각이었어. 베이징에 도착하고 나서 계획이 꼬여서 그곳에서 며칠 머무르게 되었지만 말이야. 난 중국에서 머물 생각이 없었기 때문에 간단한 중국어도 전혀 공부하지 않았었어. 내가 아는 중국어라고는 '니하오'밖에 없었거든. 그랬더니 베이징에선 전혀 말이 통하지 않더라. 길을 찾느라고 6시간을 뙤약볕 밑에서 고생하고는 나중에 숙소를 찾아가는데 눈물이 나더라고. 무거운 짐은 혼자 메고 있지, 6시간이나 돌아다니느라 지쳤지, 말은 안 통하지… 완전히 혼자 내팽개쳐진 느낌이었어. 나만 혼자 이방인 같기도 하고 말이야. 말이 안 통한다는 게 그렇게 큰 벽일 줄은 몰랐거든. 물론 네가 지금 드는 감정이 언어 때문만은 아니겠지만 네 앞에서 네가 알아들을 수 없는 대화를 많이 한 것은 정말 미안해."

외국에서, 특히 집을 떠난 지 오래되었을 때 한국인을 만나서 '무한도전' 이야기를, 된장찌개 이야기를, 중고등학교 시절에 유행했던 노래 이야기를 하는 것이 얼마나 재미있는 일인지 모른다. 모든 것이 익숙하지 않은 상황에서 내가 익숙한 것들에 대한 이야기를, 그것을 아는 사람들과 함께 나누는 것은 그렇게 재미날 수 없었다. 침을 튀기며 몇 시간이고 이야기를 해도 모자랐다. 가끔 만나는 한국인 여행자들은 이렇게 말했다.

"한국말이 정말 고팠어요."

오랜만에 만난 우리 셋은 가끔씩 자연스레 그런 시간을 가졌다.

방황은 아름답다

반복되는 그런 대화에 다미안이 불편함을 느꼈을 수도 있다. 그리고 그것은 가끔 내가 느끼는 것이기도 했다.

"사실 나도 혼자 여행할까 하는 생각을 해 봤어. 왜냐하면 나는 다른 것을 경험하고 느끼고 싶어서 여행을 시작한 거니까. 나와 같은 문화를 가진 사람들과 여행하는 건 재미있고 편하지. 그리고 지금 일행은 잘 맞기도 해. 그런데 가끔 내가 여기까지 와서 이래야 하나 하는 생각이 들 때도 있어. 한국은 내가 지난 25년을 산 곳인데 내가 한국에서 가장 멀리 떨어진 이곳까지 와서 한국 이야기를 하고 있어야 하나 하는 생각이 들 때도 있다고. 웃긴 건 이상하게도 그런 이야기들이 참 재미있다는 거지. 집 떠난 지 꽤 되어서 내 나라가 그리운가 봐. 하하."

"나도 널 이해해. 나도 그런 걸 느끼거든. 자기 언어로 대화하고, 익숙한 것에 대해서 공감하는 것은 안정감을 가져다주잖아."

"이것도 한번 생각해볼래? 너는 영어권 국가 출신이잖아. 이런 상황은 처음일지도 몰라. 넌 항상 중심에 있었을 테니까. 유럽인들도 자기 언어가 있잖아. 프랑스에서는 불어를 쓰고 독일에서는 독일어를 쓰고 네덜란드에서는 네덜란드어를 쓰지. 그들이 너와 대화할 때는 영어를 사용할 거야. 유럽 출신은 대부분 영어도 무리 없이 잘하니까.

내게 일어난 모든 일은 내 삶을 변화시킬 수 있다

나는 좀 달라. 한국어는 세계 주요 언어가 아니야. 한국인들만 한국어를 쓰지. 물론 요즘은 주변국가에서 한국어를 배우는 사람들이 늘고 있지만 한국 밖에서 한국어로 의사소통을 한다는 것은 힘든 일이야. 그래서 사실 영어권 국가 출신 사람들이 부럽기도 해. 영어를 사용하는 국가도 많고 세계 어딜 가든 영어를 할 줄 아는 사람들은 많이 있을 테니까. 넌 그동안 어디에서도 언어나 문화에서 오는 소외감을 느끼지 못했을 수도 있어. 그렇지만 나의 경우에는 그게 흔한 일이야. 영어는 지금에서야 잘 알아듣지만 전엔 그렇지도 않았다고. 말을 못 알아듣는다는 건 마치 바보가 된 것 같은 느낌이지만 그런 것에 어느 정도 익숙하기도 해. 그러려니 하고 지나치지. 너에겐 이런 느낌이 처음일 수도 있어. 이해해. 그렇지만 누군가에게는 익숙한 일일 수도 있다는 걸 알았으면 해. 언어도, 문화도.

물론 이건 네가 불편함을 느낀 문제에 대한 변명은 아니야. 그냥 이번 기회에 그 점에 대해서도 생각해보면 어떨까 해서."

"그래. 네가 그런 것들을 느낄 수도 있지. 나도 여러 가지 생각을 하는 중이야. 이건 또 다른 좋은 경험이 될 수 있겠다."

"혼자 여행하겠다고 결심하면 알려줘. 물론 앞으로 우린 널 더 배려하도록 노력할 거야. 하하."

"하하하. 알겠어. 근데 너 그거 아냐? 남자들끼리는 이런 진지한 이야기 세부적으로 하지 않는다고. 너랑 이야기하다 보니까 내가 속 좁은 놈이 된 것 같잖아."

"뭐? 이 계집애가! 하하하. 그럼 남자들끼리는 이럴 때 어떻게 하는데?"

"'어이, 맥주나 마시러 가자.' 그러고는 술 마시고 취해서 서로 욕 몇 번 하고 나면 그걸로 끝이야. 그럼 풀린 거야."

"어이구, 친구끼리는 가끔 이렇게 이야기하는 게 필요한 거야. 여자친구한테는 엄청 세심한 녀석이 여기서는 또 남자 찾네. 야, 너 엄청 소녀 같거든? 맥주나 마시러 가자!"

"하하하. 이제야 말 통하겠네. 가자!"

그 후로 우리는 계속 함께 여행했다.

티티카카호, 상업화된 우로스섬

세계에서 가장 높은 곳에 있는 넓은 호수 티티카카호(Lago Titicaca)에는 갈대를 쌓아 만든 인공 섬들이 떠 있다. 우로스는 토토라라는 갈대를 잘라 겹쳐 쌓은 섬으로 3평 크기의 것부터 수백 명이 생활할 수 있는 크기까지 다양한 모습으로 40여 개가 있다. 이곳에 사는 사람들을 우로족이라고 하는데 과거 잉카제국의 침략을 피해 이들이 호수에 들어와 살 게 된 것이 이 섬의 기원이다. 우로스섬은 페루의 남쪽에 위치한 푸노에서 배로 25~30분 정도의 거리에 있다.

그런데 이들은 왜 여전히 이 섬에서 살고 있는 것일까? 아니, 섬에서 실제로 살고 있기는 한 걸까?

갈대를 쌓아 만든 인공섬이라는 특징 때문에 이 섬을 찾는 관광객이 아주 많다. 우로족에게 섬은 바로 삶의 수단이었다. 다른 수입원이 없는 이들에게 선택의 여지가 없었던 것이다.

그래서 그런지 우로스섬은 상업화된 모습으로 유명하다. 역시나 우리가 우로스섬에 도착하자마자 이런저런 민예품을 팔기위해 다가오는 우로족 사람들. 가이드에게 우로스섬에 대한 설명을 들은 후 이곳저곳 돌아다니다가 우릴 보고 반갑게 손을 내미는 한 우로족 아저씨를 따라 그의 집으로 들어갔고 우리는 그곳에서 민예품에 대한 설명을 들었다. 아무것도 사지 않고 나오니 그렇게 친절했던 아저씨 부부는 차가운 표정으로 우리의 인사도 받지 않았다. 함께 사진을 찍으려면 돈을 내야 했다. 소문을 듣고 이미 예상하고 있었던 일이어서 실망은 없었지만 그래도 쓸쓸한 건 마찬가

아이는 자신이 찍힌 폴라로이드 사진이 신기한듯 자꾸만 만지작거렸다. 그 순간만큼은 나는 관광객이 아니라 가족사진을 예쁘게 찍어주는 사진사가 되어 그들과 즐거운 시간을 보낼 수 있었다.

지였다. 힘든 삶이 사람들을 변하게 하고 어찌 보면 그것은 당연한 일일지도 모른다.

폴라로이드 카메라를 꺼내 들었다. 사진을 찍자 돈을 달라며 손을 내미시던 우로족 할머니에게 폴라로이드 사진을 드렸다.

"할머니 드리려고 찍은 거예요."

할머니는 사진을 들고 어리둥절해하다가 허리춤에 사진을 넣었다. 내가 할머니를 지나 다른 곳에 가자 그제야 사진을 꺼내 자꾸만 만지작거리시며 웃는다.

그 후로 섬을 떠날 때까지 나는 무척 바빴다. 가족사진과 아이

내게 일어난 모든 일은 내 삶을 변화시킬 수 있다

들 사진을 찍어달라고 부탁하는 우로족 사람들에게 폴라로이드를 찍어 나눠주는 일이 생겼기 때문이다.

사진을 찍히고 돈을 요구하려는 사람들의 표정이 아닌, 친구나 가족끼리 즐겁게 사진을 찍을 때의 진짜 표정이 나왔다. 역시, 이 사람들에게도 이런 표정이 있었다. 그 순간만큼은 나는 관광객이 아니라 가족사진을 예쁘게 찍어주는 사진사가 되어 그들과 즐거운 시간을 보낼 수 있었다.

물론 이것은 또 다른 대가관계일 수 있다. 사람들은 사진을 얻고 나는 그들의 해맑은 얼굴에서 내 행복감을 찾았으니까. 내 입장에서는 기념품과 돈보다 훨씬 고맙고 기분 좋은 대가관계다. 그리고 그들에게도 그랬으면 좋겠다고 생각했다.

그들에게 난 그냥 스쳐지나가는 관광객 중 하나였겠지만 내가 사진을 찍을 때 그들이 보여준 진짜 미소는 사진과 함께 오래도록 남을 것이다.

유리겔라 사건

세계에서 가장 높은 수도, 라파즈가 있는 볼리비아.

높은 해발고도 때문인지, 서두른 일정 때문인지 볼리비아에서의 하루하루는 더욱 극적으로 다가왔다. 라파즈는 해발 3,650m나 되다 보니 조금만 걸어도 쉽게 피로해졌다. 한 블록밖에 안 되는 오르막길을 세 번에 끊어서 오르고, 고도에 적응한 줄 알고 술을 마셨다가 호흡곤란을 겪기도 했다.

한국으로 돌아갈 날이 다가오고 있었기 때문에 마음이 급해졌다. 우리 모두의 귀국 날짜가 비슷해서 다 함께 볼리비아를 15일 일정으로 여행하기로 했다.

볼리비아에서 팜파스 투어를 함께 하게 된 것은 그때까지 같이 여행해 온 우리 넷과 한국인 1명, 아일랜드인 1명 그리고 네덜란드인 2명 이렇게 총 여덟 명이었다. 팜파스에서 가장 인상 기억에 남는 것은 악어와 피라냐, 분홍돌고래 혹은 멋진 일몰 장면보다도 습기를 가득 머금어 축축했던 티셔츠의 느낌과 티셔츠 밖에서도 피를 빠는 지독한 모기들의 습격이었다.

하루는 물이 나오지 않아 샤워를 하지 못하고 누워 잠을 청했다. 모기가 들어오니 문을 굳게 닫고 침대 주변으로 모기장을 쳤는데 그곳의 모기장은 그물이 아니라 그냥 천이어서 바람이 통하지 않았다. 선풍기 따위가 있을 리 없었다. 안 그래도 하루 종일 흘린 땀으로 갑갑한데 그 위로 또다시 땀이 흘렀다. 더위에 약한 나는 결국 두 시간 동안 뒤척이다가 축축한 베개와 목 사이에 고인 땀을 견디지 못하고 밖으로 뛰쳐나가 해먹에 누워버렸다. 해먹이라. 나는 언제나 그늘 밑 해먹에 누워 살랑살랑 불어오는 바람을 맞으며 책을 읽다가 스르르 잠이 들어버리는 그런 나른함을 꿈꿨었지만 그날 밤은, 해먹이라는 단어가 가지는 낭만을 30초 만에 잊게 할 정도로 고통스러웠다. 게다가 그곳의 해먹은 그물 해먹이었다! 다행히 밤이어서 바람은 선선했지만 나는 책을 읽다 스르르 잠드는 대신 양 손에 모기약을 쥐고 격렬하게 뿌려대다 지쳐 잠들었다. 그래도 나는 더운 것보다 모기에게 물리는 게 훨씬 나았다. 다음날 내 몸은 만신창이가 되었지만.

그런 팜파스에서 우리가 가장 기다리는 것은 저녁 식사였다. 가끔 전등에 부딪쳐 떨어진 벌레가 밥에 들어가기도 했지만 어쨌든 입에 뭔가를 넣을 수 있다는 것은 역시 즐거운 일이었다. 사실은 저녁 식사를 마치고 마시는 시원한 맥주가 기다려진 건지도 모르겠다.

사건은 둘째 날 저녁 식사 후 여덟 명이 모두 모여 맥주 한잔과 함께 카드 게임을 하는 도중 일어났다. 카드를 섞는 도중, 갑자기 초능력에 대한 이야기가 나왔다. 누군가가 소리쳤다.

"아, 그 사람 누구였지. 왜 예전에 눈으로 쳐다보기만 해도 숟가락 구부러지게 만드는 사람! 막 가방 안에 들어가기도 하고."

방황은 아름답다

내가 제일 먼저 대답했다.

"겔… 겔… 겔라, 유리겔라!"

"맞아, 맞아! 유리겔라!"

다들 어린애들처럼 손뼉을 치며 좋아하는데 아일랜드에서 온 데이빗이 말했다.

"유리겔라가 누구야? 난 몰라."

그러자 다미안이 말했다.

"너 어떻게 그걸 몰라? 한국 애들도 아는데(Even Koreans know it)!"

그 말을 듣고 내 옆에 있던 석휘가 벌떡 일어났다.

"뭐? 한국 애들도 아는데?"

다미안은 카드 섞기에 집중하느라 석휘가 일어난 줄도 몰랐고 다른 외국 아이들만 눈이 휘둥그레졌다.

"왜? 왜? 무슨 일이야?"

석휘는 일단 앉아서 화를 참았다. 나도 다미안이 그 말을 했을 때 순간적으로 기분이 확 나빴다. 다른 한국인 2명도 마찬가지였다.

"다른 애들도 있고 즐겁게 카드 게임하는 자리에서 판 다 깨는 것도 좀 그래서 일단 참았어요. 근데 'Even Koreans know it'이라니. 저 자식이 지금 한국인을 우습게 보는 거예요?"

내게 일어난 모든 일은 내 삶을 변화시킬 수 있다

나는 그날 밤, 생각에 빠졌다. 다미안에게도 무의식중에라도 유럽인의 우월의식 같은 것이 있었던 걸까? 그동안 함께 여행하면서는 전혀 느끼지 못했기 때문에 의아했다.

그렇다면 혹 우리에게 자격지심이 있는 걸까? 석휘 그리고 나뿐만 아니라 다른 2명의 한국인들도 모두 그 말을 듣는 순간 기분이 확 상했는데, 그것은 우리의 자격지심에서 비롯된 것일 수도 있었다. 우리 말고는 다른 외국 애들은 석휘가 왜 화가 난 것인지조차 몰랐기 때문에 더더욱 그럴 가능성은 높다. 우리의 무의식에 서양인에 대한 자격지심이 단체로 내재하고 있다고?

일단 그 시간이 지나니까 다음날에 그 일에 대해 '너 그때 그렇게 말했잖아. 무슨 의미야?' 하고 다미안에게 묻기도 구차하게 느껴졌다. 그리고 그가 뭐라고 답할지도 알 것 같았다. 지금까지의 경험에 비추어보면 그는, 절대 그런 의도가 아니었다고 답할 것이었다.

여행을 마치고 한국에 돌아온 후 한국에서 지내는 영국인 친구를 만났을 때 위 이야기를 해주면서 어떻게 생각하느냐고 물었다.

"오해할 만한 소지가 있는 말이긴 하지만, 그건 그의 우월의식에서 비롯된 건 아닐 거야. 왜냐하면 개 입장에서는 유리겔라가 동양에서 유명했을 거라고 생각하지 않았을 수 있어. 나도 네 이야기를 듣기 전까지는 그렇게 생각했는걸. 유리겔라는 러시아인이잖아. 신체적으로는 눈이 파란 서양인이고 문화적으로도 서양에 가깝기 때문에 동질감을 느꼈고 자기의 문화권에서 인기 있었던 어떤 것이 다른 문화권에서도 그랬을 거라고는 생각하지 않은 거지. 요즘처럼 인터넷이 발달되어 있지도 않았을 때고 나도 유리겔라가 전 세계를 돌아다니며 그렇게 큰 인기를 끌었던 사람일 줄은 몰랐거든."

그의 말도 일리가 있었다. 나와 일본인, 영국인 이렇게 세 명이 함께 마오쩌둥 이야기를 하는 상황에서 영국인은 마오쩌둥을 아는데, 일본인이 모른다고 한다면 나는 그 일본인에게 '어떻게 네가 모를 수가 있어? 영국인도 아는데'라고 말했을 테니까.

만약 이런 상황이었다면 영국인도 우리처럼 기분이 나빴을까?

그 자리에 함께 있었던 다른 외국인들은 왜 우리가 기분 나쁜 이유를 알지 못했을까? 그렇다면 역시 그때 우리의 기분이 나빴던 것은 자격지심에서 비롯된 것일까?

그 당시 우리가 화를 크게 내고 따졌다면 우리 스스로가 우리 꼴을 우습게 만들었을 것이라는 생각이 들었다.

어쩌면 그것은 또 다른 선입견 때문이었는지도 모르겠다. 서양인은 내심 동양인을 무시하고 있을 거라는 선입견. 그것은 이미 존재해 왔으며, 어디선가 여전히 존재하고 있을 현실이 만들어낸 것이다.

내게 일어난 모든 일은 내 삶을 변화시킬 수 있다

그러나 앞으로 내가 살아가고 싶고 또 살아갈 세상은 다른 모습일 것이다. 차별과 편견을 지적하는 사람들의 목소리가 있는 한, 앞으로도 세상은 계속 바뀌어 갈 것이다.

그렇다면 나의 그런 선입견은 이제 버려도 좋지 않을까. 세상을 바꾸는 것은 내가 바뀌는 것에서부터 시작하니까.

영어 울렁증 때문이야

강 옆 갈대밭에서 뱀을 찾으려고 2시간 동안 여기저기를 들쑤시고 다녔더니 금세 지치고 말았다. 역시 지쳐 보이는 다미안과 일행에서 멀찍이 떨어져 걸으며 이런저런 이야기를 하게 되었다.

"루시, 왜 한국인 친구 A는 나를 투명인간 취급할까? 아깐 내가 고맙다고 인사했는데도 무시하고 그냥 지나갔어. 소금을 건네줘도 고맙다는 인사도 안 하고."

"그건 A가 한국을 떠난 지 얼마 안 되어서 영어를 말하는 것에 익숙하지 않아서 그래."

"애들이랑 놀다가 방에 들어가면 한국말밖에 안 들려. 무슨 소린지 몰라서 나만 왕따 된 것 같고 아주 미치겠다고!"

다미안은 한국인 2명과 같은 방을 쓰고 있었다.

"그리고 한국인들은 왜 다른 나라 애들이랑 어울리려고 하질 않아? 한국인들은 한국인들끼리만 다니잖아. 일본인들도 그렇고 새로운 걸 경험하려고 여행을 온 것 아니야?"

남미에서만 보더라도 그런 경우가 많았다. 한국, 일본 또는 이스라엘. 이 세 국적의 사람들과 다른 국적의 사람들이 함께 다니는 것은 보기 힘들었다. 물론 가끔 그렇지 않은 사람들도 있었지만. 이스라엘인들이 어떤지는 모르겠지만 한국인이나 일본인이 자기들끼리 다니는 데에는 언어의 탓이 가장 큰 것 같았다.

"언어의 장벽이 높긴 하지. 그게 가장 큰 원인인 것 같아. 그거 알아? 지금은 너랑 이렇게 막 이 이야기 저 이야기하고 있지만 나도 처음엔 그렇지 않았어. 외국인이랑 대화하는 것 자체가 어색했거든."

처음 영국으로 어학연수를 갈 때만 해도 나는 벙어리였다. 나는 한국에서 영어 공부를 열심히 해 왔었지만 말은 할 수 없었다. 그 전에 한 번도 한국 밖으로 나가본 적이 없었으며 외국인을 만난 적도 없었다. 내가 중, 고등학교를 다니던 때만 해도 몇몇 학교들을 제외하고는 외국인 선생님이 수업을 하는 일이 흔치 않았다. 대학교에 들어와 교양 수업을 가르치는 외국인 교수님을 처음 보았을

내게 일어난 모든 일은 내 삶을 변화시킬 수 있다

정도로 외국인과의 접촉은 거의 없었다.

나는 언제나 입을 뗄라치면 혹시나 문법이 틀리지는 않을까 몇 번이고 머릿속으로 열심히 문장을 만들었다. 처음 몇 주간은 외국인이 말을 걸면 떨렸었다. 소금을 건네줬을 때 'Thank you'라고 고마움을 표시하고 고맙다는 말에 'You're welcome' 또는 'Cheers'라고 답하는 것을 알고 있었지만 익숙하지 않은 나는 개미만 한 목소리로 말하고 답했기 때문에 누군가에게 개념 없는 애라고 욕을 먹었을 수도 있다.

"영국에서 1년간 바텐더 아르바이트를 하면서 매일 외국인들을 만나 대화하고… 그래서 영어에 완전히 익숙해졌는 줄 알았는데 말이야. 이번 여행 첫 목적지인 남아공에 딱 도착해서 호스텔에 갔더니 같은 방에 영국 여자애들 7명이 있는 거야. 나를 둘러싸고 막 이것저것 물어보고 말 시키는데 좀 지났더니 막 손을 떨고 있더라고. 아무렇지 않은 척했지만. 이놈의 영어 울렁증."

우리나라 사람들 가지고 있는 이 고질적인 영어 울렁증은 어디에서 온 것일까. 우리는 어렸을 때부터 성인이 되어서까지 줄곧 영어를 배우지만 정작 영어를 말할라치면 어딘가 어색하고 불편하다. 어째서 외국인과 대화하는 것이 어색할까. 심지어 한국에 사는 한국인이 한국을 여행하는 외국인에게 영어로 대답을 해줄 수 없

물론 다른 언어를 할 줄 안다는 것은 좋은 스펙임이 틀림없지만 한국 사회가 영어 편집증을 가지고 있다는 것도 틀림없는 사실이다. 그리고 그런 분위기가 우리 스스로를 움츠러들게 만드는 것 같다. 국제화 시대라 영어를 잘해야 한다고 전 국민에 영어열풍이 불지만 정작 입을 열기는 어렵다.

언어를 배우는 데에 있어 가장 중요한 것은 자신감이라고 생각한다. 문법이든 어휘든 다 틀리더라도 입부터 열어야 한다. 영국에 처음 갔을 때 나는 문법은 상위권이었지만 말을 잘 못 했기 때문에 낮은 반에 배정되었었다. 반면 그 당시 문법을 잘 모르던 유럽 출신 학생들은 틀린 문법으로 말했지만 언제나 자신들이 하고 싶은 말을 다했고 결국 나보다 더 빨리 말을 잘하게 되었다.

페루 마추픽로 가는 열차 안에서 만난 스위스 아주머니와의 대화가 생각났다.

"당신처럼 영어를 잘하는 동양인은 처음 봐요. 외국에서 산 적이 있나요?"

나는 사실 그런 말을 들을 정도로 영어를 잘하지 않는다. 아마도 아주머니가 인사 말고 다른 영어를 하는 동양인을 처음 보신 것일 게다.

"네. 영국에서 1년을 지냈어요. 뉴욕에서도 몇 달 지냈구요. 여행을 좋아해서 이곳저곳 여행도 많이 다녔어요. 영어를 말하는데 두려움이 별로 없어서 그렇지 제가 그렇게 잘하는 편은 아닌데… 한국엔 저보다 훨씬 더 잘하는 친구들이 많아요."

"그래도 동양인이 영어나 유럽의 다른 언어를 말하는 것은 대단한 것 같아요. 나도 여러 언어를 공부해봤지만 영어나 유럽 지역의 언어는 라틴어를 뿌리로 하고 있어 한 가지 언어를 할 줄 알면 다른 언어를 배우기 쉬운 편이에요. 그런데 그 외에 다른 언어를 배우기란 참 어려운 것 같아요. 전에 중국어를 배워보려고 했는데 문자가 완전히 다르니까 많이 힘들더라고요. 반대로, 동양인이 영어나 유럽 언어를 배우는 것도 굉장히 어려울 것이라고 생각해요. 문자나 발음이 완전히 다르니까. 한국인으로서 주변 나라들의 언어를 배우는 건 어떤가요?"

"한중일 세 나라가 모두 한자를 사용하기는 하지만 한국과 일본은 각자 고유의 문자가 있어요. 모두 다른 언어를 사용하죠. 한국어를 모국어로 하는 입장에서 일본어가 가장 배우기는 쉬운 것 같아요. 한국어와 어순이 비슷하고 발음하기도 그렇게 어렵지 않거든요. 그런데 제 경우에는 중국어는 배우기가 쉽지 않더라고요. 어순도 다르고 성조라는 것도 있어서……

다만 영어 알파벳은 어디서나 쉽게 볼 수 있기 때문에 익숙해요. 학생들은 어릴 때부터 영어를 배우죠. 다들 영어공부를 열심히 해요. 오랜 기간 영어를 접하고 배워서 영어가 익숙하게 느껴질 뿐 사실 일본어보다 영어를 배우는 게 더 어렵다고 생각해요.”

“그렇게 다른 언어를 배운다는 건 큰 노력이 필요하죠. 그런 점에서 어떤 문화권의 사람이 다른 문화권의 언어를 말한다는 건 참 대단하게 느껴져요.”

그렇다. 우리가 한국어가 아닌 다른 언어를 말하는 것은 대단한 일이라는 것을 알고 자신감을 가져야 한다. 요즘엔 3,4개 국어를 하는 사람들도 많지만 그들에게도 그것을 이룰 만한 대단한 노력이 있었을 것이다.

“생각해 봐. 다미안. 너도 스페인어 배워봐서 알 거 아니야. 다른 언어를 말하는 것이 얼마나 어렵고 또 그것을 배우는 데에는 얼마나 많은 노력이 드는지. 네가 스페인어만 말하는 사람들이랑 어떤 대화를 나누고 얼마나 많은 공감대를 형성할까? 네 기분도 당연히 이해가 가지만 너도 그런 사람들을 무턱대고 비난하지만 말고 이해하려고 노력해봤으면 해. 여행의 목적이야 다 다른 거고 고국을 떠나온 지 몇 달 된 사람들에게 심리적 안정이나 공감대를 갖는 게 얼마나 큰 힘이 되는 줄 알잖아.”

지구 반대편에서 만난 따뜻한 1인분

볼리비아를 떠나 부에노스아이레스에 도착한 지 며칠 만에 춥고 건조한 날씨 탓에 헐어서 피가 나던 내 코밑이 다시 맨들맨들해졌다.

11월. 부에노스아이레스는 여름이 시작되고 있었다. 원래는 부에노스아이레스에서 며칠 머물다가 아르헨티나와 칠레 남부를 여행하려고 했는데 따뜻한 날씨에 푹 빠져 부에노스아이레스에서만 한 달을 머물기로 했다. 브라질이 여행의 마지막 목적지였지만 한국에 일찍 돌아가야 할 사정이 생겨 브라질에 며칠밖에 머물지 못했기 때문에 실질적으로는 부에노스아이레스가 마지막 여행지였다. 동행들도 그들의 여행이 끝나갈 무렵이었기 때문에 우리는 그곳에서 여행을 마무리하며 일상으로 돌아갈 준비를 하기로 했다. 호스텔에서 3일간 머물다가 한 달 동안 머물 집을 찾아 이사를 했다.

팔레르모 지역에 있는 꽤 좋은 맨션이었다. 현관에서부터 입이 벌어졌지만 중개인이 있었기 때문에 너무 좋아하는 티를 낼 수 없었다. 우리는 서로서로 눈짓만 교환하다가 중개인이 떠나자마자 소리를 지르며 집을 뛰어다녔다.

"야호! 대박이다. 여기!"

바로 맞은편에는 공원이 있어 테라스에 서면 푸른 하늘과 숲이 눈이 들어왔다. 집 주변에는 분위기 있는 레스토랑과 카페 등이 모여 있는 거리가 있었고 맨션 바로 밑에는 맛 좋은 빵집이 있어 매일 아침 갓 구운 빵을 사다 먹을 수 있었다.

모든 것이 깔끔하게 정돈되어 있었다. 커다란 침대가 한가운데 자리 잡은 새하얀 방에는 내 두 팔을 활짝 핀 것보다 훨씬 더 큰 창이 있었다. 그 창을 통해 쏟아지는 햇살로 방은 빛나고 있었다. 침대에서는 기분 좋은 섬유유연제 냄새가 났다. 나는 이제부터 햇살 속에서 섬유유연제 향을 맡으며 잠을 깰 수 있게 된 것이다.

가격은 한 달에 $990로 3명이서 함께 머무니 1인당 $330이 드는 셈이었다. 그 당시 머물던 호스텔에서 한 달 지내는 것보다 싼 가격에 훨씬 더 윤택한 생활을 할 수 있었다. 배우고 싶었던 발레나 탱고 강습은 1회당 2시간씩 10회에 4만 원, 4만 5천 원 정도였기 때문에 매주 3일은 발레를 배우고 3일은 탱고를 배웠다.

또 아르헨티나에서는 양질의 소고기를 아주 싸게 먹을 수 있었기 때문에 나는 거의 매일 두 끼는 스테이크를 먹었다. 부에노스아이레스에서의 하루하루는 누구나 한 번쯤은 꿈꾸는 그런 삶이었다.

부에노스아이레스에는 한인촌이 있다고 들었던 터라 이사 후 바로 그곳을 찾았다. 그동안 먹고 싶었던 한국 음식들을 해 먹기로 한 것이다. 한 달 후면 집에 돌아갈 것이었지만 그때까지 기다릴 수가 없었다. 우리는 떡볶이나 김말이, 불고기, 찜닭 등을 직접 해 먹기로 했다.

과거 한국에서 이주해 온 동포들이 많이 살고 있다는 '백구촌'이라는 곳을 찾아갔다. 식품점을 둘러보며 찬거리를 사는 젊은 학생들의 모습이 어색했는지, 까맣게 탄 우리의 피부 때문인지 주인아주머니는 우리에게 여행자들이냐고 물으셨다.

"네, 여행하고 있어요."

"아주 다들 새까맣네."

"다들 여행을 몇 달씩 해서 그래요. 일 년 되어가는 사람도 있고요. 그래도 여기서는 한 달 머물기로 해서 지금 장보러 온 거예요. 한국음식이 너무 먹고 싶었거든요."

"아유, 몇 달씩이나 여행만? 고생 많았겠네."

계산할 때가 되니 아주머니는 무언가로 가득 찬 꿀통 두 개를 주신다. 우리가 사려다가 비싸서 포기한 배추김치와 총각김치였다.

"이거 그냥 가져가."

"아니, 이런 큰 걸요?"

"계속 두면 쉴 것 같아서 그래. 가져가서 맛있게 먹어요. 그동안 김치 못 먹었을 텐데."

우리는 그렇게 공짜로 김치 두 통을 얻었다. 물론 김치는 쉬기는 커녕 딱 좋게 익은 상태였다. 다음 상점에서도, 그다음 상점에서도 우리는 그렇게 주인 분들께 과자나 영양식품 등을 받았다.

점심을 먹으려고 식당에 갔을 때는 바지락 칼국수, 라볶기 등등을 시켰는데 음식이 나온 양이 주문했던 1인분의 양보다 훨씬 많았다.

"아주머니! 이게 1인 분이에요?"

"아니. 2인분이야. 여행하는 학생들이라 한국음식 오랜만일 텐데 많이 먹으라고."

"정말 감사합니다. 감사합니다."

짐이 너무 많았기 때문에 그곳에 있는 한인 레미스(아르헨티나의 콜택시)를 이용했다. 집에 돌아오며 레미스 기사 아저씨께 아르헨티나의 한인들에 대하여 듣게 되었다.

아르헨티나로의 한인 이민이 이루어지기 시작한 것은 60년 대였다고 한다. 농업이민단 중 몇 가구는 남쪽 미개척농지에 가서 땅을 개간해 농사를 짓고 몇 가구는 부에노스아이레스에 자리를 잡았는데 그 후로 계속 한인들이 많이 이주해오고 70년대에 들어서는 한인 사회가 급성장했다고 한다. 오늘 우리가 갔던 백구촌은 그때부터 한국인들이 정착해 살던 곳이었다.

아르헨티나에서 정착하게 된 한인들은 의류공장이나 상점 등

의류산업에 많이 종사했고 성공도 했는데 근래엔 유태인들이 같은 직종에 많이 뛰어들어 어려움을 겪고 있다고 한다.

창밖으로 보이는 백구촌의 풍경. 한국 슈퍼마켓, 분식집, 노래방 등이 즐비하다. 간판의 글씨체가 마치 우리나라의 7,80년대 거리 풍경을 연상케 한다. 한국에서 나고 자란 나는 외국에서 한국어로 쓰인 간판만 보아도 마음이 안정된다. 과거, 외지로 떠나온 분들은 그렇게 백구촌에서 모여 살며 고향의 정서를 공유했을 것이다.

지구 반대편에서, 오래전 고향을 떠나오신 분들이 잠시 집을 떠난 내게 정을 나누어 주신다. 마음이 따뜻해졌다. 좋은 집과 맛있는 소고기, 윤택한 생활 그 어떤 것보다도 마음을 울리는 것은 사람의, 한국인의 정이었다.

저 사람들은 대체 여행을 왜 하지?

볼리비아의 한 호스텔에서 어떤 여행자를 만났다.

나는 남쪽으로 내려가는데 그는 아르헨티나에서 여행을 시작해 남쪽 파타고니아 지방을 돌아 칠레를 거쳐 볼리비아에 막 도착한 사람이었다.

오랜만에 보는 한국 사람이라 나는 반갑게 말을 걸었다. 보통 여행자들은 호스텔에서 서로의 여행정보를 교환한다. 그도 페루나 콜롬비아에 대해 물어봤고 나도 내가 가려고 계획하고 있는 남쪽에 대해 물어보았다. 그런데 어느 지역에 대한 이야기가 나와도 그는 시큰둥했다.

"칼라파테는 어땠어요?"

"그냥 그래요."

"거기서 며칠 있으셨는데요?"

"하루요."

모든 곳이 그런 식이었다. 알고 보니 그는 7일 만에 남부를 다 돌았다고 했다. 참고로 칼라파테는 아르헨티나에 있는 곳으로, 유명한 페리토모레노 빙하가 있는 지역이다. 한 지역에서 길어야 1박 2일을 보내고 그가 느낀 것은 '별로 볼 게 없다'였다. 나는 기분이 언짢아 여행 잘 하시라고 대화를 마무리하고 방으로 돌아왔다.

그리고 나와 일행은 남부를 7일 만에 돌 수 있는가에 관한 논쟁을 펼쳤다. 왜냐하면 우리는 당시 남부 일정을 줄이고 줄여 3주로 계획하고 있었기 때문이다. 우리의 결론은 남부를 여행하기에 7일은 단연코 역부족이라는 것이었다.

나는 그의 태도가 맘에 들지 않았다. 그렇게 넓은 지역을 7일

만에 다 돌았다는 것은 수박 겉핥기 식으로 여행을 했다는 건데 그렇게 여행하고 모든 것을 다 안다는 듯이 다 그냥 그렇고 볼 게 없다고 말한단 말이야? 게다가 앞으로 그곳을 여행할 사람들에게?

개인적으로 가장 피하고 싶은 인간상은 무언가를 가르치려 드는 사람과 빙산의 일각만을 경험하고 그것이 빙산의 전부인양 떠벌리는 사람이다. 진리가 아닌 한 어떤 것도 단언할 수는 없는 것 아닌가. 그런 모습을 보이는 사람을 만날 때마다 나 자신을 스스로 들여다보는 기회도 주어진다.

나는 어떨까? 나라면 어떻게 했을까? 항상 모든 가능성을 열어두고 상대적인 입장에서 접근하려고 노력은 하지만 실제로는 나 자신도 그렇게 하지 못할 때도 많이 있다.

부에노스아이레스의 어느 식당에서 식사를 하고 있는데 뒤 테이블에 앉은 사람이 말을 걸어왔다. 남미 위쪽에서 만났던 여행자였다. 남미 여행을 하다 보면 이렇게 만났던 사람을 우연히 다시 만나게 되는 일이 꽤 많았다. 몇 개월 만에 다시 뵙는 분이라 참 반가웠다.

사실은 전에 처음 그를 보았을 때 그런 생각을 했었다.

"저 사람은 왜 여행을 하지?"

그는 몇 주째 호스텔에만 머물고 있었고 그곳은 별로 볼 게 없다며 여행을 상당히 재미없어했기 때문이다. 나는 당시 그에 대해 부정적이고 의욕이 없는 사람이라고 생각했다.

그리고 아르헨티나에서 다시 그를 만난 그때, 그는 몰라보게 달라져 있었다. 완전히 다른 사람 같았다. 얼굴도 훨씬 좋아 보였다. 나는 그가 그렇게 반짝반짝 빛나는 눈을 가지고 있는 사람일 줄 몰랐다. 그의 온몸에서 긍정의 에너지가 뿜어져 나오고 그 에너지는 그가 여행의 하루하루를 200% 즐기고 있다는 것을 보여주었다.

집으로 돌아오는 길에 이전의 그의 모습을 알고 있는 동행이 말했다.

"그분이 그렇게 밝은 사람인 줄 몰랐어요. 전에 우리가 봤던 모습은 빙산의 일각이었나 봐요."

"그치? 이래서 사람은 함부로 평가하면 안 되는 것 같아."

볼리비아에서 만났던 여행자가 당시 내게 보여준 모습도 빙산의 일각이 아니었을까 생각한다. 아마 한 달이나 지속된 여행에서 가장 심신이 지쳐있을 때 나를 만난 것일지도 모른다.

여행을 하면 할수록, 사람들을 만나면 만날수록 나 자신의 부족함을 더 많이 발견하고 겸손해지는 법을 배운다. 상대방을 통해 나를 바라볼 수 있게 된다. 그 누구도 완벽하지 않다는 것을 깨닫고 다른 이들과 그들의 삶을 존중하며 그것을 내 잣대로 평가하지 않는 법을 나는 배우고 있었다.

여행을 마치고 한국에 돌아와 그리웠던 얼굴들을 다 마주하기도 전에 바쁜 일상이 시작되었다.

2년이나 미뤄두었던 사법연수원에 입소한 후 지금까지 사법연수생의 생활을 열심히 하고 있다. 열심히? 나의 주 업무인 공부를 열심히 하였는가에 대해서는 사실 의문이 들긴 하지만 그동안의 내 생활에 후회는 없다.

또 어떤 사람들을 만나게 될까 하는 기대로 시작했던 3월의 두근거림. 나는 지금 기대했던 것보다 더 따뜻한 사람들과 함께하고 있다. 사법연수원은 반과 조의 시스템으로 이루어지는데 한 반은 60명, 그 한 반은 또 각 20명씩 3개 조로 이루어졌다. 한 반의 구성원은 여러 사회경험이 풍부한 40대 오빠부터 갓 대학을 졸업한

형사모의 법정변론 시간. 의료사고 사건이었는데 의사의 과실과 환자 사망의 결과 간의 인과관계가
문제였다. 생소한 단어도 등장했지만 그동안 배운 것을 재판 과정에서 다뤄본다니 신기하고 재미
있었다. 법정에서 같은 반 동기들과 함께.

동생까지 다양했다. 모두 같은 교실에서 수업을 듣고 공부를 했기
때문에 공부만큼이나 교수님들, 조원, 반원들과의 관계도 중요했
다. 대학교 때처럼 엠티도 가고 체육대회도 했다. 조나 반 사람들
과도 고등학교 때 친구들처럼 자연스레 친밀한 관계를 쌓게 되었
다. 현직 판사, 검사, 변호사이신 교수님들께 법조인으로서나 사람
으로서 앞으로 살아갈 자세를 배우는 것은 물론 다양한 사람들과
많은 것을 함께하며 서로의 이야기에 귀를 기울이고 여러 가지를
배울 수 있었다.

　사람들과 친해지고 체육대회를 준비하느라 정신없었던 3, 4월이

지나자 극심한 경쟁이 시작되었다. 6월 말의 1학기 시험을 위한 공부 경쟁이었다. 사실 나는 3, 4월 동안 틈틈이 공부를 해두고 있었다. 연수원 수업이 끝나고 회식이 없는 날에는 항상 독서실에 가서 새벽 1시까지는 공부를 했다. 지난 2년 동안 일하고 여행 다니느라 법서를 손에 쥔 기억도 가물가물했고 연수원 공부 선행학습을 하나도 하지 못해서 불안했기 때문이었다. 그런데 시험이 다가오는 5월이 되자 나의 의욕은 확 떨어지고 말았다. 이유는 1등부터 꼴등까지 등수가 걸리는 연수원 시스템. 등수에 따라 할 수 있는 직역이 다르기 때문에 어쨌든 성적이 좋아야 하고 싶은 것을 선택할 기회를 가질 수 있었다. 일등부터 꼴등까지 줄을 세우다 보니 경쟁이 심하고 자연히 사람들의 스트레스도 심할 수밖에 없었다. 끊임없이 남들과 나를 비교하다 보면 내가 못난이로 느껴질 때가 수도 없었다.

'내가 언제까지 이렇게 시험을 잘 봐야 한다는 스트레스에 시달려야 해? 언제까지 시험성적으로 평가받아야 해? 왜 남들이랑 성적을 비교해야 해?'

알레르기성 비염을 가진 내가 에어컨 탓에 자꾸 콧물을 흘리고 건조해서 숨을 못 쉰다는 핑계로 독서실 나가는 것을 그만두고 집에서 공부를 하기로 한 후, 밀려오는 스트레스를 감당해내던 중든 생각이었다.

〈행복은 성적순이 아니잖아요〉라는 영화 제목처럼 나는 성적에 대한 부담을 내려놓고 나의 행복을 추구하기로 했다. 게다가 국회에서는 연수원 입소 때부터 논란이 된 검찰 임용, 법관 임관 등의 문제가 논의되었는데 그것들이 어우러져 나는 지금 내가 연수원 공부를 열심히 하는 것이 무슨 필요가 있나 하는 의문을 갖게 되었다. 그러면서도 한편으론 로스쿨생들이 자기계발을 하느라 힘쓰고 있다는 소식을 들으면 불안해졌다. 훗날 국제기구에서 일하고 싶지만 제2외국어는커녕 영어도 제대로 하지 못하는 내가 영어는 물론 제2외국어까지 자유자재로 구사한다는 로스쿨생들과 경쟁하기 위해서는 그것들을 더 열심히 공부해야 하는 것 아닐까. 그렇지만 연수원에서는 재판실무가 주요과목이라 판결문 쓰는 법을 배우고 또 시험도 보기 때문에 판결문 쓰기를 연습해야 했다. 민사과목은 그래도 여러모로 도움이 되기 때문에 괜찮았지만 형사재판과목을 공부하면서는 회의가 들었다.

'지금 나는 왜 재빠르게 판결문 쓰기를 연습하고 있는가.'

그렇게 시험기간이 되었고 국회에서는 법관 임관에 대한 법원조직법 개정안이 통과되었다. 개정안에 따르면 내가 속한 기수는 지금껏 그래왔던 것과는 달리 연수원 수료 후 바로 판사가 될 수 없었다. 경력법관제*가 도입된 것이다. 법원에서도, 재야에서도 법조일원화*가 이루어져야 한다는 목소리가 높았고 나 역시도 그래야 한다고 생각했다. 그러나 이번에 경력법관제가 도입된 것은, 그러니까 국회 사법개혁특별위원회에서도 인정했듯이 로스쿨의 도입 때문이다. 법조인을 양성하는 시스템이 근본적으로 바뀌었기 때문에 법조일원화를 한다는 것. 이건 뭔가 앞뒤가 바뀐 것 아닌가?

법조일원화가 달성해야 할 목표이자 큰 틀이고 로스쿨의 도입이 그 수단 중 하나니까 말이다. 사회경험이 없는 연수원생을 즉시 판사로 임관하는 것에는 전부터 비판의 목소리가 있었고 법조일원화는 원래의 법조인 양성 시스템상으로도 가능했다. 그런데 첫 기수의 로스쿨생들이 배출되는 내년 초에 맞춰, 부랴부랴 법조일원화로 가기 위해 경력법관제로 개정하고 로클럭이라는 일자리를 만들어낸 것 아닌가. 또한 검찰에서 로스쿨생과 연수원생을 반반씩 임용하기로 한 것은 이미 기정사실화되어 있었다. 로스쿨은

---

* 경력법관제 : 2013년부터 판사는 검사 · 변호사 · 법학교수 등 일정 기간의 법조 경력이 있어야 임용될 수 있는 제도.

* 법조일원화 : 판사-검사-변호사 간의 벽을 허물고 필요한 인력으로 선출하는 제도. 풍부한 경력을 가진 변호사들이 판 · 검사에 임용됨으로써 다양하고 전문화된 사회적 요구가 사법 과정에 반영되고, 사법기관의 자의적 권력 행사에 대한 시민사회의 간접적 통제로 기능하게 된다는 취지이다.

변호사의 수를 늘려 국민에게 양질의 법률 서비스를 제공한다는 취지에서 마련된 제도였다. 로스쿨을 수료하면 변호사 시험도 치르기 전에 로스쿨장의 추천을 받아 바로 검사로 임용한다는 것은 또 무슨 말인지. 항간에는 정부 각 부처에서 특채 형식으로 로스쿨생을 공무원으로 임용하기로 해서 일자리를 만들어내느라 바쁘다는 소문까지 있었다.

여행을 떠날 때에도 사법연수원 수료 후 더욱 치열한 경쟁이 있을 거라는 예상은 했기 때문에 경쟁이 심해진다는 것에 대해 놀라진 않았지만 대신 정책수립과 실현이 이런 식으로 진행된다는 것에 놀랐다. 일단 로스쿨은 만들어 놓았는데 막상 수천 명씩 배출되는 법조인을 어떻게 해야 할지 고민하다가 적당한 데 퍼즐 가져다 끼워 맞추기 식으로 일자리를 만든다는 느낌이 들었다. 얼굴을 그릴 때에는 얼굴형부터 그려야 눈, 코, 입 등도 그에 맞춰 조화롭게 그릴 수 있다. 코부터 그려놓고 전체 얼굴을 거기에 맞추어 그리려니 삐뚤삐뚤한 부분이 장난이 아니었다. 초등학생이 그린 그림이라면 귀엽게 봐줄 수 있겠지만 이것은 국가의 정책이다. 큰 그림을 그리려면 전체부터 생각하고 밑그림 그리기부터 시작했어야 했다.

이런들 어떠하고 저런들 어떠하리. 늦게 가면 어떠하고 빨리 가

여행 그 후

면 어떠하리. 나는 여행을 하며 다짐했던 것처럼 여유 있게 살기로 했다. 그렇게 마음먹고 공부를 안 하면 성적이 잘 나오지 않겠지만 그것은 그것대로 의미 있는 것이었다. 적어도 스트레스는 받지 않았으니.

나는 계속 그렇게 여유와 행복을 추구했다. 급기야는 잠도 줄여가며 공부에 매진해야 할 시험기간에 잠도 마음껏 자고 글도 쓰고 책도 읽고 영어공부도 좀 하고 영화도 보는 단계에까지 이르렀다. 물론 공부를 하긴 했다. 죄책감을 느끼지 않을 정도로.

며칠 후에, 남자친구에게서 이런 이야기를 듣게 되었다.

"네가 고시 생활을 열심히 한 것을 정말 존중하고 높게 평가하지만 넌 너무 그것에 연연하는 것 같아. 너는 지금 새로운 환경 속에 있잖아. 그렇다면 거기서 또 새로운 노력을 해야 하지 않을까? 그리고 넌 열심히 살았던 그때의 경험으로, 그걸 기억하는 너의 잣대로 다른 사람들을 평가하려는 경향이 있는 것 같아."

그랬다. 내가 언제 그랬냐고 화를 내고 싶었지만 그것은 부정할 수 없는 현재 나의 모습이었다. 사법시험을 합격하기 위해 엄청나게 열심히 공부했던 하루하루, 그 2년의 시간들은 나의 자존심이었다. 나는 남자친구에게 몇 번이나 내가 얼마나 열심히 살았는가에 대해 말해주었다. 그러나 나는 과거에 내가 죽어라 열심히 했던 것만 기억하면서 현재에는 어떠한 노력도 하지 않고 있었다. 나는 달리기 대회가 빨리 끝나기만을 기다리며 느릿느릿 걷고 있었다. 여유를 누린 몇 달 동안 나는 내가 밟아야 할 과정들을 뒷전으로 하고 그 부분에서 어떠한 발전도 이루지 못했다. 삶에 있어 여유는 꼭 필요한 것이지만 모든 것에는 때가 있었다. 치열했던 나의 모습은 다 어디로 갔는지. 더 발전하기 위해 내가 버려야 할 것은 '보상심리'였다.

내가 법을 공부하는 이유와 내가 맞이할 변화에 대해서도 다시 생각해보았다. 변화하는 사회 속에서 공적의무를 지닌 전문인으로서의 태도도 다시 고민하게 되었다. 사회가 어느 한쪽으로 치우치지 않도록 시스템을 만들고 제어하는 역할. 엘리트 의식에 사로잡히지 않고, 이 사회에서 맡은 바를 제대로 해내는 법조인이 되고자 했던 것을 다시 선명하게 상기했다.

어느새 2학기 시험기간. 독서실 근처 식당에서 친구와 저녁을 먹고 있는데 수능을 마친 고3 수험생들의 홀가분한 얼굴이 TV 화면에 나왔다.

"얼마나 좋을까? 저때가 그립네. 저땐 정말 다 끝난 줄 알았어. 다시는 독서실에 다닐 일은 없을 줄 알았어. 그때로부터 정확히

10년이 지난 지금도 나는 독서실 책상 앞에 앉아 있네."

"언제까지 성적 잘 받아야 된다고 조마조마해하면서 공부를 해야 할까. 언제가 되어야 시험성적이 내 인생을 결정한다는 생각을 버릴 수 있을까? 시험 좀 그만 보고 싶다."

초·중·고등학교의 많은 시험들과 수능시험, 사법시험 1차, 2차 그리고 연수원에서 치르는 세 번의 시험. 그러고 보니 나는 시험 하나를 치를 때마다 '이제 끝이다'라고 생각했다.

'내 눈앞의 이 시험만 끝나면 곧 좋은 날이 올 거야. 더 이상 스트레스에 시달리지 않아도 돼.' 때로는 그렇게 생각했다. '이걸 망치면 인생이 망하는 거야.'

나는 오로지 그 산을 넘기 위해 혼신의 힘을 다했다. 하지만 산을 하나 넘으면 또 다른 산이 있었고 그 산을 넘으니 또 다른 산이 기다리고 있었다. 눈앞의 산만 보고 달린 자는 산을 하나 넘을수록 서러움과 회의감만 늘어 갈 것이다. 눈앞에 보이는 그 산이 전부일 거라고 생각하는 자가 그것을 넘는 것에 실패한다면 평생 패배의식에 휘둘리게 될 것이다.

인생은 무엇이 끝내는 것이 아니라 계속 나아가는 것이다. 우리는 치열한 경쟁과 위아래를 나누는 결과 속에서 종종 그 사실을 잊어버린다.

인생은 생각하기 나름이다. 나는 즐겁게 2학기 시험공부를 했다. 시험기간인데도 싱글벙글한 내 얼굴을 보고 사람들은 뭐가 그렇게 기분이 좋으냐고 물었다. 지금까지 시험공부를 할 때면 언제나 스트레스가 나를 옥죄었다. 넘어야 할 산이 그것뿐이라고 생각했기 때문에 그 스트레스는 더욱 심했다. 작은 것 하나라도 실수를 하면 스스로를 혹독하게 몰아세웠다. 사법시험 공부를 할 때는 체력이 떨어져서 계획한 시간에 일어나지 못하면 내 자신을 쓰레기라고 비하하고 식사를 거르는 등 스스로 벌을 주었다. 날카로워진 신경이 위산을 역류시켜 매일 식사 후에는 구토를 해야 했다.

그러나 지금의 나는 달랐다. 내가 넘어야 할 것은 지금 앞에 보이는 그것뿐만이 아니다. 멀리 보지 못하고 나를 옥죈다면 나는 평생을 그렇게 살아가게 될지도 모른다. 시험을 대하는 자세가 변한 것이다.

2학기 성적이 나오고 자기비하를 하는 사람들이 생겨났다. 연수원의 성적은 학점제이지만 등수가 따라 나온다. 1등부터 꼴등까지 줄을 세우는 방식. 이 등수가 주는 스트레스란, 가히 엄청나다. 하위권의 등수를 받은 사람들은 패배의식을 가진다. 대부분의 사법연수원생들은 공부로만 평가해서는 어디에서든 주목받던 사람들이다. 그런데 연수원에서 받은 것은 몇백 등대의 성적이라니. 비참한 기분이 드는 것은 당연했다.

그때 교수님 중 한 분이 '호연지기'에 대한 이야기를 해 주셨다. 눈앞의 것에 연연해하지 말고 원대한 꿈을 품으라고 하셨다. 그래야만 더 큰 사람이 되고 사회 역시 발전하는 것이라고 하셨다. 연수원에서 좋지 않은 성적을 받고 절망한 사람들에게나, 좋은 성적을 받고 신이 난 사람들에게나, 다시 압박감 속에서 3학기 마지막 시험을 준비하는 모두에게 무척 힘이 되는 말이었다.

'호연지기'

그것이 내가 세계여행을 떠난 이유였는데… 막상 한국으로 돌아와 연수원의 살벌한 경쟁 구도 속에 놓이게 되니 나는 다시 눈앞의 것만 보게 되었다. 아이러니하게도 잠시 잊었던 그것을 2학기 시험을 치러내면서 다시 깨닫게 된 것이었다. 호연지기 속에서 치열함과 여유가 양립할 수 있다는 것.

최근 읽은 주진우 기자의 《주기자》(푸른숲, 2012)에서 정곡을 찌른 저자의 예리한 통찰력이 담긴 한 단락이 자꾸 사물거린다. 판검사들은 암기 과목 공부만 몇 년씩 하다 보니 세상 물정에 어둡다고. 여행도 하고 세상 돌아가는 것에 관심을 가지며, 연애 소설을 많이 읽으라는 조언. 무엇보다도 부족한 인성을 만회할 상상력과 공감 능력이 절실하다는 것이다. 촌철살인의 문장들로 가득 찬 그의 책 속에서도 유난히 이 대목을 읽는 순간 등줄기가 저릿하고 한편으론 속이 다 시원했다. 연수원 입소를 미룬 채 주변 사람들이 만류했던 여행을 떠났던 나다. 남들이 말하는 궤도를 잠시 벗어나 방황했던 나의 선택들이 당연한 것이었고 잘되어가는 것이었음을 확인받고 위안받았다고 할까?

나는 '후회 없는 삶'에 대한 짐도 내려놓았다. 내 좌우명은 '후회하지 않는 삶을 살자'다. 많은 사람들이 후회 없이 살자고 말한다. 후회 없는 삶을 산다는 것은 굉장히 멋진 일이다. 그렇지만 오만 감정을 가진데다가 불완전하기까지 한 인간이 후회라는 것만 하지 않을 수 있을까. 어떻게 보면 삶은 선택의 연속인데, 선택하는 것이 있으면 포기해야 하는 것 또한 존재하기 때문에 후회가 뒤따르는 것은 오히려 자연스러운 것일지도 모른다. 게다가 후회를 하면서 배우는 것은 꽤 많다. 사실 스스로에게 중요한 가치를 알고, 그것을 좇아 살면 자연스레 후회는 하지 않는다. 후회를 하느냐, 하지 않느냐는 결국 자신의 선택에 대한 만족의 문제이기 때문이다. 후회하지 않는 삶의 시작은 자기 자신을 잘 아는 것이다. 또한 후회도 결국 자기 자신을 알아가는 과정 중 하나라고 생각한다.

그런데 문제는 언젠가부터 나는 후회하지 않는 삶을 살기 위해

여행 그 후

또 전전긍긍하게 되었다는 것이다. 내 자신과 내가 원하는 것을 잘 알고, 그것을 좇으며 거기에 만족해서 후회하지 않는 것이 아니라 후회하지 않기 위해 만족하고 만족하기 위해 내 가치를 찾으려고 애썼다. 어쨌든 내 가치를 찾는 노력을 한다는 측면에서는 좋을 수도 있지만 '후회하지 않는 것'이 목표가 되었을 때(주객전도), 강박관념이 되었을 때에는 그 자체로 굉장한 스트레스가 되기도 한다. '행복한 삶'에 대한 문제도 마찬가지이다.

어느 날 후회를 하게 된다 하더라도 그것 또한 인간으로서 느낄 수 있는 폭넓은 감정 중의 하나이고 인간은 죽을 때까지 경험하고 느끼고 배우는 존재라는 것을 생각하면, 내 삶의 한순간, 한순간에서 후회를 그렇게 악착같이 배제시키려고 스트레스를 받지 않아도 된다는 생각이 들었다. 후회하는 것이 더 이상은 두렵지 않다.

여행을 하면서 많이 배웠다고 생각했는데 일상으로 돌아온 후에도 역시 배워나가야 할 것이 많다. 앞을 보고 가는 것도 중요하지만 가끔씩 내가 제대로 걷고 있나 멈추어 서서 뒤를 돌아봐주어야 원하는 길을 바른 걸음으로 제대로 잘 찾아 갈 수 있을 것이다.

지난 1년간 다녀온 24개국과 그전에 여행한 곳을 더한, 지금까지 내가 여행한 나라 32개국은 차지하는 비율로 따지면 전 세계의

16% 정도밖에 안 된다. 여행한 모든 나라를 구석구석 여행한 것도 아니었는데 열심히 다닌다고 다녀도 16%라니, 세상은 너무 넓다. 아직도 내가 경험하지 못한 곳이 84%나 된다는 말이다.

아직 가보지 않은 세상 84%.

여행처럼, 여전히 내 인생도 가야 할 길이 멀다. 내가 경험하고, 배울 부분이 84%나 남았다. 미지의 세상은 언제나 내 가슴을 뛰게 만든다. 헤매야 할 곳이 남아있다는 것이, 내 방황이 계속될 것이라는 사실이… 그것은 생각 이상으로 아름다운 일이기에 그렇다.

뛰는 가슴으로, 나는 또 다른 도전을 준비할 것이다.

보츠와나에는 세계에서 가장 큰 삼각주. 거대한 습지 '오카방고 델타'가 있다.

'모코로'라고 불리는 카누를 타고 두 시간 동안 이동해서 닿은 곳에 텐트를 치고 2박 3일 동안 지냈다. 그곳에는 나무와 풀 이외에는 아무것도 없었다. 샤워 시설이 없으니 씻지도 못하고 땅을 파서 화장실을 만들고 볼일을 본 후에는 삽으로 흙을 퍼 덮었다. 습지여서 가뜩이나 습한데 우기까지 시작되고 있었다. 건조했던 나미비아와는 달리 가만히 있어도 땀이 줄줄 흘렀다.

정말 미치도록 덥거나 비가 오거나 둘 중 하나였다. 땀에 젖든 비에 젖든 젖는 것은 매한가지였고. 첫날밤에는 천둥번개를 동반한 비가 밤새도록 내렸는데 텐트에 물이 새서 몸이 온통 젖었다. 텐트

여행 중의 내 일기장. 인터넷도, 전화도 되지 않으니 매일 저녁 내가 하는 일은 열심히 일기로 쓰는 것이었다. 감상이나 느낀 점 없이 그날 하루 내가 겪은 일만을 적어도 이렇게 칸이 꽉 찼다.

바닥부터 습한 기운이 올라와 전신을 감쌌다. 말로 표현할 수 없이 불쾌했다. 너무 습하고 축축하니 잠이 안 왔다. 가까스로 잠이 들었는데 갑자기 물벼락이 쏟아졌다. 바람이 심하게 불어 텐트 위에 두른 방수천이 어디론가 날아가고 대충 닫아놓은 창이 펄럭거리고 있었다. 문을 열고 텐트 안에 고인 물을 퍼내고 있으니 개구리 한 마리가 텐트 안으로 뛰어 들어왔다. 날아간 방수 천을 찾으려고 밖으로 나가보니 옆 텐트의 다른 사람들도 자다 깨서 난리였다. 폭풍우 속에서 우리는 서로의 모양새를 보고 깔깔대며 웃었다.

텐트 안에 돌아와 누우니 잠은 안 오고 슬며시 웃음이 났다.

처음 남아공에 도착했을 때부터 밤을 보냈던 곳들이 하나하나 떠올랐기 때문이다.

여덟 명이 함께 쓰는 유스호스텔 도미토리실의 좁은 침대에 누웠을 때에는 혼자 쓰는 쾌적한 내 방 침대가 그리웠다. 먼지 가득한 텐트 안에 매트리스를 깔고 누웠을 때에는 유스호스텔의 8인용 도미토리실 침대가 그리웠으며, 오카방고 델타에서 습기와 땀으로 축축해진 침낭 위에 누웠을 때에는 지난 캠프장에서의 마른 침낭이 그리웠다. 이렇게 비에 흠뻑 젖은 몸을 흙탕물로 흥건한 매트리스 위에 뉘이고 있자니 방금 전의 그 축축한 침낭이 아쉬웠다.

다행히 다음 날 아침에는 비가 그쳤지만 동물을 보겠다고 습지 이곳저곳을 돌아다녔더니 하의와 운동화가 모두 진흙에 젖어버렸다. 텐트에 돌아와 옷을 갈아입고 매트리스를 텐트 바깥에 깔고 누웠다. 개미들이 내 몸을 기어 다니고 나무에서 떨어진 애벌레들은 매트리스와 함께 내 몸 아래 깔려 있었지만 간밤에 폭우에 시달린 나는 꿀맛 같은 낮잠을 잘 수 있었다.

'집을 떠나니 내가 가진 것에 감사함과 만족감을 느끼게 되고 욕심 부리지 않는 법을 배우게 된다. 행복하게 사는 법을 점점 배워가고 있다.'

그날 일기에 나는 이렇게 적었다. 한국을 떠난 지 20일째 되는 날이었다. 여행의 막바지에 이르러 9개월 전 보츠와나에서의 일을 떠올리니 피식 웃음이 나왔다. 여행을 처음 시작할 때는 하나하나 새롭고 소중했던 경험들은 어느새 일상이 되어 있었다.

매일매일 달라지는 풍경 속에 셀 수 없이 많은 사람들을 만나고 하루하루 다른 사건을 겪으며 빼곡히 채워온 지난 300여 일. 눈물이든 웃음이든, 감사함이든 놀라움이든 행복감이든 내 안의 감정이 폭발적으로 터져 나왔던 순간순간들. 때로는 엉엉 울기도 했고 때로는 미친 듯이 웃기도 했다. 일상에서보다는 훨씬 더 많은 것들을 받아들이고 내뿜어서일까. 오늘 아침의 일은 일주일전의 일처럼 느껴지고 남미에서는 아프리카에서의 일들이 마치 수년 전의 일처럼 느껴지기도 했다.

보고 듣고 느끼고 생각하느라 정신이 없었다. 그래 '생각'. 생각할 시간이 많았다는 것은 여행을 하면서 가장 좋았던 점이다. 여러 상황을 겪으며 자연스레 나 자신에 대해 생각해 볼 수 있는 기회를 가지게 된 것도 그랬다. 일상에서 나는 항상 무엇을 하고 있거나 누군가를 만나고 있었다. 생각할 것이 있더라도 하고 있는 일 때문에 '일단 이것부터 하고……'라며 제쳐놓고 잊고 지냈었다.

여행을 하면서 생각할 시간이 많았다는 말은 즉 '여유'가 있었다는 뜻과 같다. 그런 여유는 꼭 여행을 하고 있다는 사실 때문만이

에필로그

나미비아 사막에서 바라본 일출. 집을 떠나니 내가 가진 것에 감사함과 만족감을 느끼게 되고 욕심 부리지 않는 법을 배우게 된다. 행복하게 사는 법을 점점 배워가고 있다.

아니라 1년 365일, 하루 24시간을 내가 원하는 대로 쓸 수 있다는 자유에서 비롯되었던 것 같다.

그런데 이상하게도 시간이 지나면 지날수록 그런 생각이 점점 없어지더니 8개월쯤부터는 결국 아무것도 생각하지 않게 되었다. 보츠와나에서 일기를 쓰던 그때에는 여행을 끝마칠 때쯤이 되면 내가 온갖 것들로 꽉 찬 사람이 되어 있을 거라고 생각했었다. 하지만 막상 여행이 끝날 때가 되자 머리도 마음도 텅 빈 느낌이었다. 그런데 나는 오히려 그 편이 좋았다. 마치 내 안에서 끊임없이 무언가를 거르고 또 거르던 '체'가 사라진 것 같았기 때문이다. 후

방황은 아름답다

련하고 또 편안했다. 크게 화낼 일도 크게 힘들 일도 크게 어려울 일도 없었다. 환경이든 사람이든 그럴 수도 있고 저럴 수도 있고 또 이럴 수도 있는 것이니까.

솔직히 이 '비워낸 느낌'이 무엇인지는 잘 모르겠다. 그전의 나는 뭔가를 열심히 채워가고 있었는데 혹시 순식간에 그게 모두 날아가버린 건 아니겠지? 갑자기 바보멍청이가 되어버린 건 아니겠지?

하지만 '내가 계속해서 이렇게 홀가분하고 가벼운 빈 마음으로 살아간다면 더 넓은 세상을 볼 수 있지 않을까'라는 생각이 더 강하게 들었다. 어떤 것을 굳이 내 안에 담으려고도 처내려고도 하지 않고, 있는 그대로 두고 보면 또 다른 것들이 보일지도 모른다.

1년간 여행을 떠나겠다고 결심한 후, 부모님과 교수님께 보여드린 내 여행계획서의 거창하고 그럴듯한 '여행의 목적'은 결국 이 한 문장이었는지 모르겠다.

'마음을 비우는 법'

주제 넘게도 뭔가 해탈한 듯 느꼈던 이런 순간들은 내가 일상으로 돌아가 바쁜 삶에 뛰어드는 순간 잊혀질지도 모르는 일이었다.

그리고 지금.

역시, 막상 일상으로 돌아오니 내가 가지지 못한 것들은 여전히 많았다. 변함없이 가진 것보다는 가지지 못한 게 더 많은 나와 내 주변은 그대로였다. 그러나 너무 크나큰 게 바뀌어 있다. 바로 그것을 바라보는 내 생각.

태어날 때부터 많은 것을 가진 사람들은 나보다 꽤 앞선 거리의 출발선에서 사회생활을 시작하는 것처럼 보인다. 여러 가지 요소가 복잡하게 어우러진 사회생활에서 크게 보면 그런 것들도 능력 중 하나일 것이다. 그렇다면 나에게는 다른 이들이 가지지 못한 또 다른 능력이 분명 있을 것이다.

출발선이 달라도 괜찮다. 어차피 우리 모두는 각자 다른 방향으로 뛰어나갈 것이기 때문이다.

지난 여행의 경험은 내 인생에 전체에 있어 시간적으로는 얼마 되지 않는 비율을 차지하겠지만 지금까지의 내 삶에 있어 가장 소중한 경험이었다.

다시 2년 전으로 돌아가 또다시 이 시간이 주어진다고 해도 나는 분명 이 여행을 택할 것이다. 단 한 번뿐인 나의 20대, 그 한복판에서의 뜨겁고도 아련했던 여정은 남은 내 인생의 모퉁이 모퉁이마다 서서 '대한민국 청년 우은정'을 기억하게 해 줄 테니까.

방황은 아름답다

2012년 6월 10일 1판 1쇄 박음
2012년 6월 15일 1판 1쇄 펴냄

지은이 우은정
펴낸이 김철종

기획 이선애
책임편집 조아라
표지 · 본문 디자인 김문정
마케팅 최단비 오영일

펴낸곳 (주)한언
주소 121−854 서울시 마포구 신수동 63−14 구프라자 6층
전화번호 02)701−6616 **팩스번호** 02)701−4449
전자우편 haneon@haneon.com **홈페이지** www.haneon.com
출판등록 1983년 9월 30일 제1−128호
ISBN 978-89-5596-643-5   03980

글 ⓒ 우은정, 2012
저자와 협의 하에 인지 생략

• 이 책의 무단전재 및 복제를 금합니다.
• 책값은 뒤표지에 표시되어 있습니다.
• 잘못 만들어진 책은 구입하신 서점에서 바꾸어 드립니다.